JN012645

東大卒のお母さんが教える！

お絵かき算数

みらい塾エイトステップス代表

中村　希

も　く　じ

1章　トレーニング編

❶　数の仕組みを理解して、楽に計算しよう

❷　だんご図をマスターしよう

❸　問題を「見える化」しよう！

2章　分野別

❶　いろいろな数と計算

❷　割合

❸　方程式（□を使った式）

3章　実践編

コラム

もっと勉強を楽しもう

　はじめまして。「勉強でワクワクした人生を切り拓く」ことをモットーに個別指導をしている学習塾、みらい塾エイトステップス代表の中村希と申します。

　この本をお手にとってくださりありがとうございます。

　小学生、中学生、高校生の受験対策の個別指導を始めてから10年間、たくさんの生徒と1対1で対話しながら勉強を教えてきました。

　勉強を教えていて思うのは、どこかの時点で勉強に対して苦手意識を持ってしまうと、一気に勉強が「いやなもの」になってしまうということです。そして、その一度持ってしまった苦手意識を消すことは簡単なことではないようです。

　うちの塾にくる生徒でも、小学校1年生の時点で「算数が苦手」という子がいたり、他の単元のテストはできるのに重さのところが少しわからないだけで「算数は難しいから嫌い」と言う子がいたりと、根強い算数への苦手意識を持っている子が少なからずいます。

　勉強に対して苦手意識を持たない子どもは「どうしたらもっと楽にできるかな？」「どうしたらこの問題が解けるかな」とどんどん自分から工夫することができますが、苦手だと思ってしまった子どもにとっては勉強が「やりたくないもの」になってしまい、「早く勉強の時間が終わればいい」としか思えなくなり、工夫しようという発想すらなくなってしまいます。

　立てるようになった赤ちゃんは、面白いほどに何度転んでも立とうとします。そのくらい、人は「できなかったことができるようになることが大好き」な状態で生まれてきます。知らないことを知る、目の前の問題が解ける、これって本当はとっても楽しいはずなのに、いつの間にか勉強が「やらなければ怒られる」「できなければがっかりされる」苦行になってしまっている小学生が多いことはとても残念です。

　はっきりいって、勉強はやらなくても生きていけます。これからの世の中、大学に行くことの価値はどんどん薄れていますし、必要な情報は家にいたってインターネットでいくらでも手に入れることができます。だから、勉強は生きるために絶対に必要か、というと決してそうではないと思います。

　では、なぜ勉強するのか？　それは「楽しいから」です。
　目の前に知らないことがある、理解できないことがある、問題がある。それを知れたら、理解できたら、問題が解けたら、気持ちよくないですか？
　「勉強が苦手だ」と思っている人がいるとしたら、それは、周りと比べてしまう、できなくて怒られる、誰かに無理やりやれと言われる、といった環境に原因があります。勉強をやらなくても生きていけるのに「やりなさい！」と言われ、やってできなかったら「なんでこんなにできないの？」と言われてしまったら誰だって逃げ出したくなってしまいますよね。

　勉強という、やらなくても死なないことをやっているのだから、どうか勉強に気が向いたときくらいは楽しく勉強してほしい。勉強が楽しいと思えるまま育ってほしい。そんな想いから、「勉強が苦手だ」と思うきっかけになりやすい小学校の算数の参考書を書こうと思った次第です。

　算数は、問題を頭の中で想像できれば必ずできるようになります。わかれば頭もスカッとしますし、嬉しいものです。そう、算数は楽しいのです。

　この本は「算数を楽しんで、得意にする」ための本です。

　10年間、たくさんの生徒をとなりで観察してわかった、小学生のうちに育てておきたい「計算しない力」、中学生で伸び悩む子が必ずつまずいている「割合」、使えると一気に算数・数学が得意になる「方程式」、これら3つの中学・高校に進んだときに周りと差がつくポイントにフォーカスし、目で見て本質的に理解できるよう解説しています。この1冊を習得すれば、中学生になっても、中学・高校・大学受験をする際にも本当に大事な「自分で考える力」「数学的センス」が身につきます。

　「算数を得意にして地元の公立中学に進みたい」「中学受験のために一気に小学校算数を先取りしたい」小学4〜6年生、難しいことを早くやってみたい小学1〜3年生、そしてその親御さんや指導者、また、小学校の算数を復習したい中学生〜大人の方に読んで、解いていただき、こんな風に描けば楽しく簡単に解けるんだ、ということをお伝えして、みなさまのお役に少しでも立てたら嬉しい限りです。

　「自分も算数が苦手だから教えられない」、「自分は算数が得意だったから、なんでわが子がこんなにできないのかわからない」なんておっしゃらずに、ぜひ本書を写しながら、お絵かき算数の考え方に触れ、習得してみてください。きっと、もっと子どもと算数をやる時間が楽しくなりますよ。

本書の使い方

　この本は、考えるヒントが載っているに過ぎません。問題の解き方はたくさんありますし、一人ひとりものの捉え方は異なります。

　ぜひ、子ども一人ひとりの自由な発想を認めてほめて、伸ばしてあげられるように接してもらえたらと思います。

　絵や図を描きながら解き、考え方を自分のものにしてもらいたいので、ぜひ以下のような手順でされることをオススメします。

用意するもの

・A3 のコピー用紙（B5,A4 でも可ですがなるべく大きい方が絵が描きやすいです）

・色鉛筆、色ペン（絵を描くときに塗ったり、色分けして描くと楽しくわかりやすいです）

問題の解き方

1.　問題を、1 問につき 7 分ほどで解く。

　　・筆算をなるべくしないで済むように工夫しましょう。

　　・すぐにわかる問題でも絵を描きながら解きましょう。

　　・もっと考えたい場合は好きなだけ考えましょう。

2.　7 分考えてもわからない場合には本の解説を読む。

3.　理解できたら本を閉じて、同じ問題をもう一度、絵や図、式を書きながら解く。

4.　できなかった問題と解き方を、その日のうちに一度思い出す。

5.　1 週間以内にやり直しをする。

1章
トレーニング編

❶ 数の仕組みを理解して、楽に計算しよう

　算数が好きになるはじめの一歩として大事なことは、「計算をめんどくさいと感じないこと」です。計算に時間がかかりすぎたり、ミスをしてしまうと、正解にたどり着けないと一気に算数自体が「めんどうくさいもの」「いやなもの」になってしまいます。

　計算が苦にならないようにするには「計算を速くすること」「筆算を使わないこと」が重要です。

　計算のスピードは、日々どのくらいのスピードで解いているかで変わってくるので個人差があるのですが、世の中の小・中学生におしなべて言えることは、みんな、筆算が好きすぎます！

　筆算が得意なことは悪いことではないのですが、何でもかんでも筆算で計算するクセがついてしまうと、「どうしたらこの計算は楽にできるだろうか？」「例えば順番を変えてこうしたら暗算ができるかな」などと工夫をして考える習慣が身につきません。

　また、単純な計算は、適度ならば頭の体操になりますが、筆算自体が目的になってしまうとたちまち「めんどくさいもの」と感じるようになってしまいます。

　ぜひ、このあとのトレーニングをたくさんやって、「筆算大好きっこ」から「計算の工夫大好きっこ」になってくださいね！

10 のまとまりをつくる

　まずはこの問題を、筆算を使わずに解いてみましょう。

❶	$8 + 4$
❷	$5 + 8 + 7 + 2$

❸ 19 + 3 + 24 + 17 + 31

❹ 492 + 84 + 16

❺ 97 + 7

❻ 298 + 120

❼ 500 − 198

❽ 308 + 197

❾ 305 − 99

❿ 215 − 22

⓫ 1 + 2 + 3 +……+ 98 + 99 + 100

筆算を使うとカンタンですが、筆算を使わないとなると一気にどうやればいいのかわからなくなってしまいますね。

❶ 8 + 4は何も考えなくても答えが浮かんでくる人も多いかと思いますが、繰り上がりのあるたしざんにまだ慣れていない人はこう理解するといいでしょう。

8 + 4 = 8 + 2 + 2 = 10 + 2

このように、たして 10 になるまとまりをつくっていくと、計算が楽にできます。

❷ 5 + 8 + 7 + 2も律儀に端から計算してはいけませんよ！

8 + 2 + 5 + 5 + 2 = 10 + 10 + 2

こんな具合にバラしたり順番を変えて 10 のまとまりをつくって計算しましょう。

❸　19 + 3 + 24 + 17 + 31

　　= 22 + 24 + 17 + 31

　　= 46 + 17 + 31

……なんてやっていませんよね？

　下の図のように、1 の位が 10 になるペアを見つけて計算するととっても
楽ですよ。

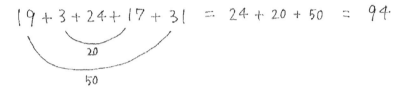

絵にするとこんな感じです。

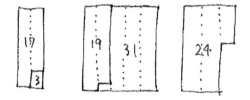

　テトリス（ってわからない方も多いのかもしれませんが……いろいろな形
の図形が上から降ってきて、横一列がすき間なくはまるとその一列が消えて
いくゲームです）のように、カチッとはまるペアを見つけます。

❹　492 + 84 + 16

　これも 1 の位が 10 になる、84 と 16 を先に計算します。

　492 + 84 + 16

　= 492 + 100

　= 592

次の問題も同様です。

❺ $97 + 7 = 97 + 3 + 4 = 104$

$$97 + 7 \quad = \quad \underline{97 + 3} + 4 \quad = \quad 104$$
$$\qquad\qquad\qquad 100$$

　また、97 や 199、298 など、100、200、300 に近い、わかりやすい数に近いものは、まずそのわかりやすい数に変えてしまって計算すると楽です。

　どういうことかというと以下の通りです。

❻　$298 + 120$
$= 300 - 2 + 120$
$= 300 + 120 - 2$
$= 420 - 2$
$= 418$

❼　$500 - 198$
$= 500 - 200 + 2$
$= 300 + 2$
$= 302$

❽　$308 + 197$
$= 300 + 197 + 3 + 5$
$= 300 + 200 + 5$

   = 505

❾ 305 − 99

   = 300 + 5 − 100 + 1

   = 300 − 100 + 5 + 1

   = 206

　わかりやすい数（10, 100, 200, 1000 など）に近くない場合には、はみ出た部分をまず削る考え方がいいでしょう。

❿ $215 − 22 = 215 − 15 − 7 = 193$

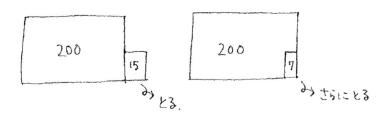

$215 - 22 = 215 - 15 - 7 = 200 - 7 = 193$

ここまで理解できたでしょうか？

では、次の問題はどうでしょう？

⓫ 1 + 2 + 3 + ・・・・ + 100 の答えは？

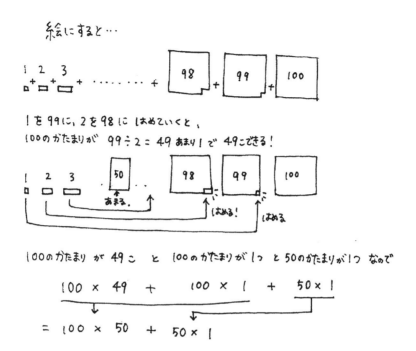

わかるととっても気持ち良いですよね！

ぜひこれからも、筆算したら負け！ どうしたら筆算しなくて済むかな？ と考えて計算をしてみてくださいね！

お決まりの楽かけざんをマスターしよう

たしざん、ひきざんの場合には先ほどのような 10 のまとまりを意識することが大事でした。

では、かけざんをするときにはどうでしょうか。

次の問題にトライしてみましょう。

15

❶　4 × 5.7 × 2.5
❷　45 × 16
❸　14 × 25 × 4
❹　0.125 × 16
❺　0.5 × 17 × 4
❻　16 × 25 × 25

　小・中学校のかけざんの中で、九九以外に必ず覚えておいたほうがいい計算があります。

　それは

　25 × 4 = 100 です。

　これを知っていれば、

　250 × 4 = 1000（0 を一つずつつける）

　2.5 × 4 = 10（0 を一つずつとる）

もできます。

　これをうまく見つけると、計算が楽になります。

　また、これはやっている人も多いかもしれませんが、「5 で終わる数字には2 をかけたいぞ！」この意識も大事です。

偶数ちゃん

ポイント！

5 で終わるものには 2 をかけよ！

25 と 4 は仲良し

❶ $4 \times 5.7 \times 2.5$
$= 4 \times 2.5 \times 5.7$
$= 10 \times 5.7$
$= 57$

❷ 45×16

$$45 \times 16 \quad = \quad \underbrace{45 \times 2}_{90} \times \underbrace{2 \times 2 \times 2}_{8} \quad = \quad 720$$

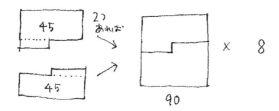

❸ $14 \times 25 \times 4$

$$14 \times \underbrace{25 \times 4}_{100} = 1400$$

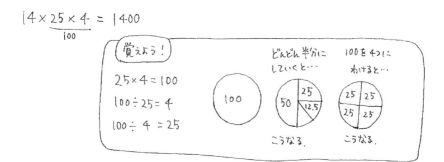

125 も要注意です。なぜか？ 125 × 2 = 250 になり、もし 4 がいれば 250 × 4 = 1000 が使えるからです。

❹　0.125 × 16

$$0.125 \times 16 = 0.125 \times 2 \times 2 \times 2 \times 2 = 2$$

↑0.25
↑0.50
↑1.00

　また、2の累乗といいますが、2をどんどんかけていったときにどんな数になっていくかも知っていると役に立ちます。

　「に、よん、ぱ、いちろく、ざんに、ろくよん、いちにっぱ、にごろ、……」と声に出して覚えてみてくださいね。

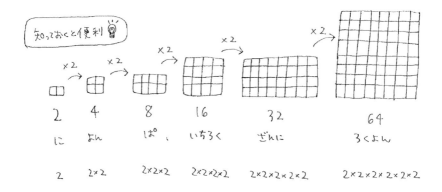

2	4	8	16	32	64
に	よん	ぱ	いちろく	ざんに	ろくよん
2	2×2	2×2×2	2×2×2×2	2×2×2×2×2	2×2×2×2×2×2

❺　0.5 × 17 × 4

　これは0.5があるので4を分解して2をつくりたい、という考え方です（もちろん、5 × 4 = 20という風に考えてもOKです！）。

$$0.5 \times 17 \times 4 = 17 \times \underset{1}{\underline{0.5 \times 2}} \times 2$$

$$= 34$$

30　　　4

$$0.5 \times 17 \times 4 = 34$$

$$
\begin{array}{r}
17 \\
\times 0.5 \\
\hline
8.5
\end{array}
\qquad
\begin{array}{r}
8.5 \\
\times\ 4 \\
\hline
34.0
\end{array}
$$

答えは出るけど やっちゃダメ!!

❻ $16 \times 25 \times 25$

これは「端から筆算」戦法でいくと華々しく散るパターンです。
一呼吸おいて、どうしたら楽にできるか工夫しましょう。

$$\underset{4 \times 4}{16} \times 25 \times 25 = \underset{100}{25 \times 4} \times \underset{100}{25 \times 4} = 10000$$

ダメ

$$
\begin{array}{r}
16 \\
\times 25 \\
\hline
\end{array}
$$

約分が大好きになると算数が得意になる!

ここまで、たしざん、ひきざん、かけざん、とやってきました。
わりざんも工夫はありますか……?
ありますよ!!!
わりざんこそ工夫の宝庫! 分数を習っていないと少し難しいかもしれませんが、まだ慣れていない人もこれを機に分数にも慣れていきましょう!

❶ $\dfrac{7}{10} \times \dfrac{5}{28}$

❷ $\dfrac{3}{4} \times \dfrac{8}{27}$

❸ $56 \div 7 \times 2$

❹　$\dfrac{2}{15} \div 2\dfrac{2}{3}$

❺　$12 \div 1\dfrac{1}{3} \times \dfrac{5}{6}$

❻　$\dfrac{7}{17} \div 1\dfrac{29}{34} \div \dfrac{44}{45} \div 1\dfrac{3}{22}$

❼　$1\dfrac{6}{13} \div 1\dfrac{39}{51} \times 1\dfrac{25}{38} \div \dfrac{17}{39}$

❶　$\dfrac{7}{10} \times \dfrac{5}{28}$

これを計算するときに、分母の 10 × 28 から計算してしまった人、要注意です！

計算するときは必ず約分から!!　やりましょうね～！

約分すればこんなにスッキリ素早く解けますよ！

$$\dfrac{7}{10} \times \dfrac{5}{28}$$

$= \dfrac{35}{280}$　　これはやっちゃダメ!!

　　　　　　まずは約分しよう！

$= \cdots$

$$\dfrac{\overset{1}{\cancel{7}}}{\underset{2}{\cancel{10}}} \times \dfrac{\overset{1}{\cancel{5}}}{\underset{4}{\cancel{28}}}$$

$= \dfrac{1}{8}$

❷　$\dfrac{3}{4} \times \dfrac{8}{27}$

これも約分からやればカンタンですね。

$$\dfrac{\cancel{3}^{1}}{\cancel{4}_{1}} \times \dfrac{\cancel{8}^{2}}{\cancel{27}_{9}}$$

$$= \dfrac{2}{9}$$

❸　$56 \div 7 \times 2$

わりざんは分数の形に変えると、約分がしやすくなります。

また、先に 7×2 をやってしまう人もいるので、先に分数の形にしちゃいましょう。

×のあとは上（分子）、÷のあとは下（分母）にいきます。

$$56 \div 7 \times 2 = \dfrac{\overset{7 \times 8}{\overset{"}{56}} \times 2}{7} = \dfrac{\cancel{7} \times 8 \times 2}{\cancel{7}} = 16$$

×
$$56 \div \underline{7 \times 2} = 56 \div 14$$

❹ $\dfrac{2}{15} \div 2\dfrac{2}{3}$

これは

1　帯分数を仮分数に

2　÷を上下ひっくり返して×に

3　約分する！

の流れでいきましょう。

$$\dfrac{2}{15} \div 2\dfrac{2}{3}$$

$$= \dfrac{2}{15} \div \dfrac{8}{3}$$

$$= \dfrac{\overset{1}{2}}{\underset{5}{15}} \times \dfrac{\overset{1}{8}}{\underset{4}{8}}$$

$$= \dfrac{1}{20}$$

❺ $12 \div 1\dfrac{1}{3} \times \dfrac{5}{6}$

これも先ほどの問題と同様ですね。

$$12 \div 1\dfrac{1}{3} \times \dfrac{5}{6}$$

$$= 12 \div \dfrac{4}{3} \times \dfrac{5}{6}$$

$$= \overset{3}{12} \times \dfrac{3}{\underset{1}{4}} \times \dfrac{5}{\underset{2}{6}}$$

$$= \dfrac{15}{2}$$

$$= 7\dfrac{1}{2}$$

22

❻ $\dfrac{7}{17} \div 1\dfrac{29}{34} \div \dfrac{44}{45} \div 1\dfrac{3}{22}$

「項」が増えても心配することはありません。

×のあとは上（分子）、÷のあとは下（分母）にいきます。

$$\dfrac{7}{17} \div 1\dfrac{29}{34} \div \dfrac{44}{45} \div 1\dfrac{3}{22}$$

$$= \dfrac{7}{17} \div \dfrac{63}{34} \div \dfrac{44}{45} \div \dfrac{25}{22}$$

$$= \dfrac{7}{17} \times \dfrac{34}{63} \times \dfrac{45}{44} \times \dfrac{22}{25}$$

$$= \dfrac{1}{5}$$

❼ $1\dfrac{6}{13} \div 1\dfrac{39}{51} \times 1\dfrac{25}{38} \div \dfrac{17}{39}$

先ほどの問題と同様ですね。項が増えても心配ありません。

×のあとは上（分子）、÷のあとは下（分母）に、という基本に従っていけば正解できますよ！

$$1\dfrac{6}{13} \div 1\dfrac{39}{51} \times 1\dfrac{25}{38} \div \dfrac{17}{39}$$

①まずは帯分数→仮分数

$$= \dfrac{19}{13} \div \dfrac{90}{51} \times \dfrac{63}{38} \div \dfrac{17}{39}$$

②$\div \dfrac{b}{a} \to \times \dfrac{a}{b}$にする

$$= \dfrac{19}{13} \times \dfrac{51}{90} \times \dfrac{63}{38} \times \dfrac{39}{17}$$

③そして約分する！

$$= \dfrac{63}{20}$$

$$= 3\dfrac{3}{20}$$

（カッコ）を味方にして、もっと計算を
得意にしよう！ ～結合法則・分配法則～

ここでは結合法則・分配法則をつかって計算できるようになりましょう。

❶　$200 \times 3 + 150 \times 3$

❷　$34.6 \times 7.89 + 7.89 \times 65.4$

❸　$120 \times 6 - 120 \times 2$

❹　$96 \div 12 + 24 \div 12$

❺　$15 \times \dfrac{7}{12} + 33 \times \dfrac{7}{12}$

❻　$4 \times \dfrac{11}{30} + \dfrac{11}{15}$

これは知らないとできないと思うので、知らなかった人は今できるように
なってしまいましょう！

❶　$200 \times 3 + 150 \times 3$

このくらいならそれぞれ計算してもそこまで手間は変わりませんが……

$200 \times 3 + 150 \times 3$
$= (200 + 150) \times 3$
$= 350 \times 3$
$= 300 \times 3 + 50 \times 3$
$= 900 + 150$
$= 1050$

と計算すると一切筆算が必要ないかと思います。なぜこのようなルールがつ
かえるのか？ 以下のように考えるといいかもしれません。

$200 \times 3 + 150 \times 3$

( )を使って形を変えるとすると...

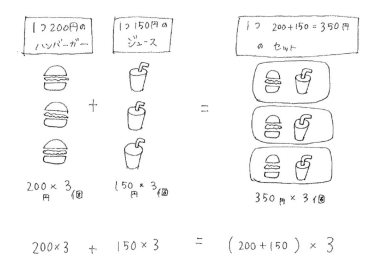

1つ200円の ハンバーガー		1つ150円の ジュース

200×3 円 個　　150×3 円 個

1つ 200+150 = 350 円 の セット

350円 × 3 個

$200 \times 3 \quad + \quad 150 \times 3 \quad = \quad (200 + 150) \times 3$

　それぞれがバラバラにあって計算してから足しても、ハンバーガーとジュースを袋に入れてから計算して足しても同じことですね。

❷ $34.6 \times 7.89 + 7.89 \times 65.4$

　これはまた、「端から筆算」戦法をつかうと痛い目を見るパターンですね。
結合法則をつかって簡単に計算しましょうね。

$34.6 \times 7.89 + 7.89 \times 65.4$

$= (34.6 + 65.4) \times 7.89$

$= \quad 100 \quad \times 7.89$

$= \quad 789$

$34.6 + 65.4$

なるべく筆算しないで頭の中で
考える!

結合法則・分配法則はもちろんひきざんにもつかうことができます。

❸　$120 \times 6 - 120 \times 2$

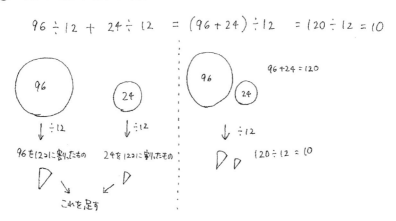

120円のドーナツ　　120円のドーナツ　　120円のドーナツ
　　6 こ　　　　～　　　2 こ　　　＝　　　4 こ

$120 \times 6 ～ 120 \times 2 = 120 \times (6～2)$

$$= 120 \times 4$$

$$= 480$$

そしてかけざんでなくても、わりざんでも使えます。

❹　$96 \div 12 + 24 \div 12$

$96 \div 12 + 24 \div 12 = (96 + 24) \div 12 = 120 \div 12 = 10$

96
24
$\div 12$
$\div 12$
96を12コに割ったもの
24を12コに割ったもの
これを足す

96
24
$96 + 24 = 120$
$\div 12$
$120 \div 12 = 10$

❺ $15 \times \dfrac{7}{12} + 33 \times \dfrac{7}{12}$

　分数が入っても結合法則をつかえるようになりましょう。同じ数をかっこの外にくくりだすだけですね。

$$15 \times \frac{7}{12} + 33 \times \frac{7}{12}$$
$$= (15+33) \times \frac{7}{12}$$
$$= \overset{4}{48} \times \frac{7}{\underset{1}{12}}$$
$$= 28$$

❻ $4 \times \dfrac{11}{30} + \dfrac{11}{15}$

　このように一見同じ数がなくても、約分することでつくり出せますね。
　すぐに計算をし始めるのではなく、計算をする前に、「この問題は何をさせたいのかな？」と出題者の意図を考えるようにすると工夫して速く計算できるようになりますよ！

$$\overset{2}{4} \times \frac{11}{\underset{15}{30}} + \frac{11}{15}$$
$$= 2 \times \frac{11}{15} + \frac{11}{15}$$
$$= (2+1) \times \frac{11}{15}$$
$$= \overset{3}{3} \times \frac{11}{\underset{5}{15}}$$
$$= \frac{11}{5}$$
$$= 2\frac{1}{5}$$

　ここまでは、ある程度単純なたしざん、ひきざん、かけざん、わりざんの計算について、暗算で解ける工夫をお伝えしてきました。

　もっと複雑になったときに順番を間違えて計算してしまったり、こっちにもかけないといけないのにかけ忘れたり……ありますよね。

　そんなお悩みを解決する方法をお伝えしていきます。

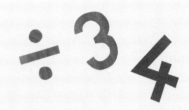

計算力は大事だけど、もっと大事なことがある

　算数って何で勉強するのだと思いますか。買い物ができるようになるためでしょうか。受験のためでしょうか。計算をできるようにするためでしょうか。

　私の考える算数を勉強する目的とは「状況を理解し、問題を解決するための手順を考え、実行する力をつける」ことにあると考えます。

　算数の文章題を解くことをイメージしてください。

　まずは問題文を読み、どんな条件が与えられているのか、何を答えればよいのかを読み取ります。そして、答えにたどり着くにはどんな手順で何を求めればよいのかを考え、そしてそれを順に実行していきますね。これが論理的思考をするということです。

　算数を通じて論理的思考力を身につけ、実社会の中のさまざまな問題を自ら進んで解決できる力をつけることこそが算数を学ぶ目的だと私は思います。

　子どもの頃から自分の頭で考える癖をつけ、論理的に考える力を鍛えておけば、社会に出て仕事や日常生活で何にぶつかっても自分の力でそれを解決することができるようになるのです。

　ですので、計算をして丸がついた、つかなかった、テストで何点とれたからよかった、ダメだった、など、結果を見て「できる」「できない」を判断しないでもらいたいな、と思います。

　小学校の算数では、「いろいろな計算ができるようになること」が大きな目標の一つではありますし、実際に計算ができなければ正解にはたどり着けないのですが、あくまで計算は「問題を解決する、解く」ための手段でしかありません。全体を見て、正解にたどり着く手順を考えて、式を立てる。その立てた式を解くときに初めて計算が必要になります。

　まずは、計算が合っている・合っていない、丸がついた・つかなかった、テストの点がよかった・悪かった、宿題が終わった・終わらなかったなどの「結果」ではなく、どう答えを出そうとして、何をしたのかの「過程」に寄り添ってあげてもらえたら、きっと算数が嫌いにはならないと思います。

❷ だんご図をマスターしよう

　ここでは、複雑な四則演算を間違えないようにするため、さらには「項」（項は小学生では出てこない言葉です）の感覚をつかんで、算数がもっと得意になるために「だんご図」というものをご紹介します。

　これは私が独自に考えた考え方なので教科書や他のテキストには載っていません。が、だんご図を使いこなせるようになると、中学生になっても方程式の理解がスムーズになるのでだまされたと思って習得してみてくださいね！

だんご図の基礎

　だんご図とは、式の中の数字をおだんご、＋と－の符号をつまようじに見立て、式をおだんごがつながったものとしてとらえたものです。

　たとえばこんな感じです。

5 ＋ 8 － 2 － 4 ＋ 7　→　⑤┼⑧－②－④┼⑦

　そしてこのだんご図は次のように分解できます。

　おだんごと、その前に刺さっているつまようじが1セットになります。

⑤　＋⑧　－②　－④　＋⑦

この ひとつひとつを 項 というよ！

　分解できた「つまようじとだんご」のセットのことを項（こう）と言います。

　そしてそのセットは順番を並べ替えることができます。

　＋がついただんごと－がついただんごがまざっていると計算がめんどくさ

いので、＋がついているだんごは前に、－がついているだんごは後ろに置き換えます。

ならべかえる

$$⑤ + ⑧ + ⑦ \quad -② -④$$

20　　　　　−6　　　　　20 − 6 = 14

$7 × 3 + 4 × 2$

$$(7 × 3) + (4 × 2)$$

= 　21　 + 　8

= 　29

　かけざんの場合にはくっつきあっただんごをイメージします。

　わりざんはどうでしょうか。

　わりざんの場合は、一旦はくっついただんごにして、そのあとは分数の形に変形して雪だるま型でイメージします。小学生のうちは分数を扱うのに慣れていない人が多いのですが、中学になるとあまり÷の符号は使いません。今のうちから÷ではなく分数の形で処理するのに慣れておくと約分も意識しやすいので、計算が得意になります。

$12 ÷ 3 + 15 ÷ 5$

$$= \boxed{12 \div 3} + \boxed{15 \div 5}$$ ←「÷」の場合、⊙ でイメージしても良いが、

$$= \boxed{\frac{12}{3}} + \boxed{\frac{15}{5}}$$ ← 分数の形 ⊙ に直せるとさらに良い！

$$= \boxed{\frac{\overset{4}{12}}{\underset{}{3}}} + \boxed{\frac{\overset{5}{15}}{\underset{}{3}}}$$ ← そして約分する.

ゆきだるま形

$$2 \div 3 = \frac{2}{3} \quad \boxed{\frac{2}{3}}$$

$$12 \div 16 = \frac{12}{16} = \frac{3}{4} \quad \boxed{\frac{3}{4}}$$

$$= \quad 4 \ + \ 5$$

$$= \quad 9$$

以上のルールを下にまとめました。

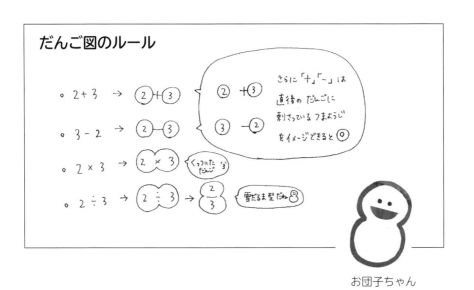

だんご図のルール

- $2 + 3$ → ②+③
- $3 - 2$ → ②-③
- 2×3 → ② × ③ くっついた だんご ③
- $2 \div 3$ → ②÷③ → $\frac{2}{3}$ 雪だるま型だね

さらに「＋」「－」は直後のだんごに刺さっているつまようじをイメージできると ◎

② +③
③ -②

お団子ちゃん

だんご図の計算

　ではさらに四則がまざったり、かっこのついた計算だとどのようになるでしょうか。

　このだんご図を使って、ややこしい計算を解いてみましょう。

❶　$62 - 14 \div 2 \times (6 \div 2 \times 3 - 1)$

❷　$27 + (65 \times 3 + 72 \div 8)$

❸　$(5.28 - 0.4 \times 7.8) \div 36$

❹　$\dfrac{3}{4} \times \dfrac{4}{9} + \dfrac{1}{4} \div 1\dfrac{3}{4}$

❺　$2\dfrac{2}{5} \div \left(4 - \dfrac{9}{10} \times 3\dfrac{1}{2}\right)$

❻　$\dfrac{9}{14} \times \dfrac{11}{16} \div 2\dfrac{3}{4} \times 3\dfrac{11}{15}$

❶　$62 - 14 \div 2 \times (6 \div 2 \times 3 - 1)$

だんご図にすると…

$(62) - (14 \div 2 \times ((6 \div 2 \times 3) - 1))$

↑
一番内側にあるこれから計算していく！

$= (62) - (14 \div 2 \times (\dfrac{\overset{3}{\cancel{6}} \times 3}{\cancel{2}} - 1))$

$= (62) - (14 \div 2 \times (9 - 1))$

$= 62 - \dfrac{\overset{7}{\cancel{14}} \times 8}{\cancel{2}}$

$= 62 - 56$

$= 6$

62　⑥⓪　⑩ ① ①　←実際は 12-6を
- 56　⑤⓪　　⑤ ①　すればよい！

❷ 27 + (65 × 3 + 72 ÷ 8)

だんご図にすると…

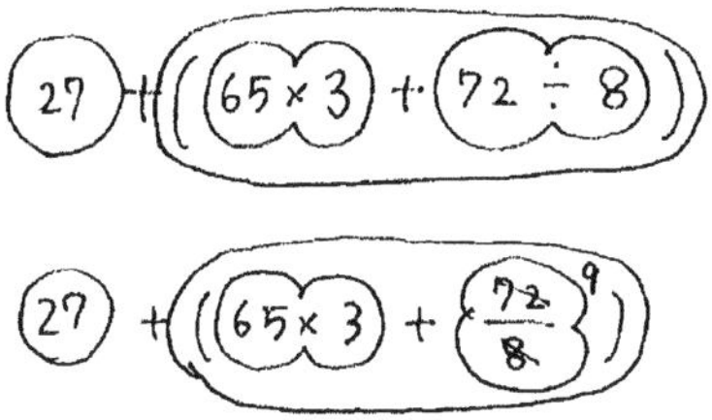

= 27 + (195 + 9)

= 27 + 195 + 9

= 231

$$
\begin{array}{r}
65 \\
\times\ 3 \\
\hline
195
\end{array}
$$

$$
\begin{array}{r}
195 \\
+\ 36 \\
\hline
231
\end{array}
$$

これは筆算で良い ☺

❸　(5.28 − 0.4 × 7.8) ÷ 36

だんご図にすると…

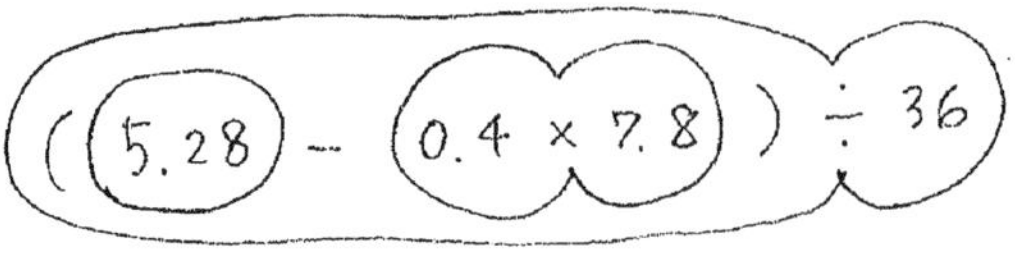

$$((5.28) - (0.4 × 7.8)) ÷ 36$$

```
    1.3 2
4 ) 5.2 8
    4
    1 2
    1 2
      8
      8
      0
```

$$= \frac{4×1.32 - 0.4 × 7.8}{36 \cdot 9}$$

$$= \frac{1.32 - 0.78}{9}$$

```
  1.3 2
- 0.7 8
  0.5 4
```

$$= \frac{0.54}{9}$$

$$= 0.06$$

❹ $\dfrac{3}{4} \times \dfrac{4}{9} + \dfrac{1}{4} \div 1\dfrac{3}{4}$

まずは仮分数にして、だんご図にすると…

$$\left(\dfrac{\cancel{3}}{\cancel{4}} \times \dfrac{\cancel{4}}{\cancel{9}_{3}} \right) + \left(\dfrac{1}{4} \div \dfrac{7}{4} \right)$$

$$= \dfrac{1}{3} + \left(\dfrac{1}{\cancel{4}} \times \dfrac{\cancel{4}}{7} \right)$$

$$= \dfrac{1}{3} + \dfrac{1}{7}$$

$$= \dfrac{7}{21} + \dfrac{3}{21}$$

$$= \dfrac{10}{21}$$

❺　$2\dfrac{2}{5} \div \left(4 - \dfrac{9}{10} \times 3\dfrac{1}{2}\right)$

仮分数にしてだんご図にすると

$\left(\dfrac{12}{5}\right) \div \left(\left(4\right) - \left(\dfrac{9}{10} \times \dfrac{7}{2}\right)\right)$

$= \left(\dfrac{12}{5} \div \left(\left(4\right) - \left(\dfrac{9 \times 7}{20}\right)\right)\right)$

$= \left(\dfrac{12}{5} \div \left(\dfrac{80}{20} - \dfrac{63}{20}\right)\right)$

$= \dfrac{12}{5} \div \dfrac{17}{20}$

$= \dfrac{12}{5} \times \dfrac{20}{17}^{4}$

$= \dfrac{48}{17}$

$= 2\dfrac{14}{17}$

2 あまり 14
$17)\overline{4\,8}$
　$\underline{3\,4}$
　$1\,4$

❻ $\dfrac{9}{14} \times \dfrac{11}{16} \div 2\dfrac{3}{4} \times 3\dfrac{11}{15}$

だんご図にすると…

$$\left(\dfrac{9}{14}\right) \times \left(\dfrac{11}{16}\right) \div \left(\dfrac{11}{4}\right) \times \left(\dfrac{56}{15}\right)$$

$$= \dfrac{\cancel{9}^{3}}{\cancel{14}_{2}} \times \dfrac{\cancel{11}^{1}}{\cancel{16}_{1}} \times \dfrac{\cancel{4}^{1}}{\cancel{11}_{1}} \times \dfrac{\cancel{56}^{82}}{\cancel{15}_{5}}$$

$$= \dfrac{3}{5}$$

だんご図のイメージはつかんでいただけたでしょうか？

はじめは慣れないかもしれませんが、慣れてくると、このあとに出てくる方程式も直感的に解けるようになりますので、ぜひ慣れておきましょう！

コラム

最後まで重要な「計算しない力」

先ほど、計算は問題を解くための手段でしかない、と言いました。
では計算力はいらないか、というとそうではありません。計算は速ければ速いほど良いです（正確であれば！）。ただ、バカ正直に片っ端から筆算をして速く解けても、それは速いことにはなりません。

　小学校で筆算を大量にやらされるからなのか、小学生は①とにかく筆算が大好きで苦じゃなくできる、もしくは②面倒くさいから筆算が大嫌いかのどちらかに分かれる傾向があります。

　はっきり言って、②の人のほうが、算数が得意になれるかもしれません。

　なぜなら、なるべく計算を簡単に、楽にしてしまおうと工夫するときに、より数量感覚が身につくからです。

　5で終わる数があるから2倍すると10になるな、3と7で終わる数があるからそれを初めに足せば10になるな、25×4があるからそこは100にしてしまおう、「このかけ算はあとで約分できるかもしれないから計算せずにそのままにしておこう」などと、「なるべく面倒な筆算をしないで計算したい！」と思ったときにこそ工夫が生まれます。

　また、常にその工夫をしようと考えていると、工夫ができる計算と、工夫ができない計算があることにも気づきます。そうなるとしめたものです。

　確かに、筆算が苦でなく速くやれると、一つ一つの計算は速くなるのですが、工夫をすると、そもそもその計算が不要であったりする場合が多いのです。すると、工夫して計算したほうが圧倒的にスピードが速くなります。

　そのスピードはどこで発揮されるか、というと、もちろん中学受験でも、高校受験でも、そして大学受験でも発揮されます。本当の意味で計算が速くなりスピードに乗れるようになると、急に道が拓けたかのように一瞬で答えがわかってくる感覚になることがあります。サーファーが波に乗るコツを会得した瞬間というのでしょうか。百マス計算が1分くらいでできる感覚とも似ているかもしれません。頭の中でものすごいスピードで計算ができて、答えがフッと降りてくるような感覚になるんです。これは気持ちがいいですよ。

　その感覚をつかむためには、端から真面目に計算してしまうのではなく、常に「筆算を使わないで楽に計算できないかな」と考えながら取り組むことです。ぜひ本書の計算を何回も繰り返し解いてみましょうね。

❸　問題を「見える化」しよう！

　理解するということは、頭の中にそれがどういうことなのかイメージできているということです。逆に、頭の中にイメージができていなければ理解できていないことになります。

　ここでは、数や文章問題を見えるようにする（見える化する）ことによって、算数を理解していきましょう。

奇数ちゃん

ポイント！

・問題文を読みながら、問題文の情報を絵や図、表、その中の文言に変えていく！

・必ずかいた絵、図、表を見ながら考える

絵で見えるようにする

・数を絵にする
・文章を絵にする

　計算が苦手な子の多くは、数を数字という文字の羅列としかとらえられていません。

　数をテトリスやお金、お菓子、車、丸などに置き換えるだけでもイメージがわきやすくなり理解しやすくなります。

　次の４問に挑戦してみましょう。

> ❶　1 + 2 + 3 + ……… + 100
>
> ❷　3540 ÷ 3
>
> ❸　5.48 ÷ 4
>
> ❹　$1 - 0.25 \times 2 - \dfrac{1}{6} - \dfrac{1}{4}$

❶　1 + 2 + 3 + ……… + 100

これは「①数の仕組みを理解して、楽に計算しよう」にも出てきましたね。

ぜひ 14 ページにもどって見直してみてください。

❷　3540 ÷ 3

一見少しめんどうくさそうな計算でしょうか。

頭の中でお金をイメージして 3 人にわけると筆算をしなくても解けますね。

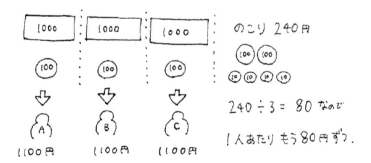

なので

3540円を 3人で分けると 1人あたり 1100 + 80 = 1180円ずつもらえる。

3540 ÷ 3　　=　　1180

❸ 5.48 ÷ 4

筆算をしても良いですが、小数であればこんな風にジュースを想像して、4人に分けるイメージをすると直感的に計算ができます。

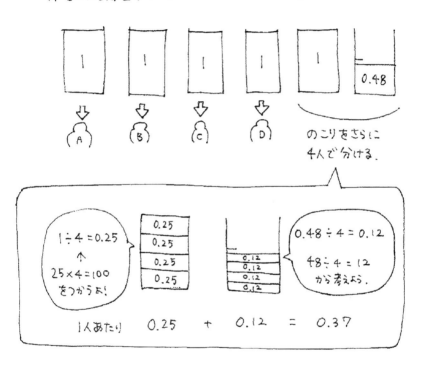

よって 5.48 ÷ 4 = 1.37

❹　$1 - 0.25 \times 2 - \dfrac{1}{6} - \dfrac{1}{4}$

　これは 1 からどんどん引いていくので、ケーキをイメージすると楽しくわかりやすく計算できます。

$$1 - 0.25 \times 2 - \dfrac{1}{6} - \dfrac{1}{4}$$

$$= 1 - 0.5 - \dfrac{1}{6} - \dfrac{1}{4}$$

$$= 1 - \dfrac{1}{2} - \dfrac{1}{6} - \dfrac{1}{4}$$

ホールケーキ 1つを 1 とすると

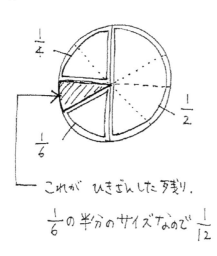

これが ひきざんした 残り。
$\dfrac{1}{6}$ の 半分の サイズなので $\dfrac{1}{12}$

図で見えるようにする

・線分図

・数直線

・ベン図

では、この問題を解いてみましょう。

ハルちゃんはラムネをいくつか持っています。

ミイちゃんはラムネをハルちゃんよりも 3 つ多く持っています。

リュウくんはラムネをミイちゃんよりも 1 つ少なく持っています。

3 人のラムネを合わせると全部で 20 個ありました。

さて、3 人はそれぞれいくつのラムネを持っているでしょうか。

　さて、わかりましたか？ 文章を読んだだけで思考停止してしまった方も多いでしょうか。

　問題文が長くて読むだけで頭がこんがらがってしまう場合には、迷わず絵か図を描きましょう！ 今回は線分図で考えてみたいと思います。

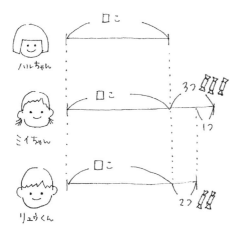

全部で 20 コ.

$$□ + □ + □ + 3 + 2 = 20$$

$$□ × 3 + 5 = 20$$

$$□ × 3 = 15$$

$$□ = 5$$

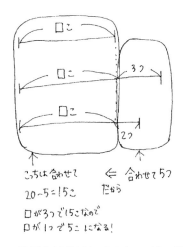

こっちは合わせて
20−5＝15こ

⇐ 合わせて 5 こ
だから

□が3つで15こなので
□が1つで5こになる!

文章の中の情報を線分図にすると、だいぶ理解しやすくなりますね。

では次の問題を解いてみましょう。

$$3042 - 994$$

はい、筆算をしようとする方が多いでしょうか。

$$\begin{array}{r} 3042 \\ -\ 994 \\ \hline \end{array}$$

確かに、この問題は筆算でやるのが王道かもしれません。

が、下の図をご覧ください。

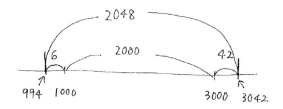

3042 と 994 との差は　$6 + 2000 + 42 = 2048$

筆算しなくてもこのように線分図が頭の中でイメージができれば $2000 + 42 + 6$ は計算できます。

では次の問題です。

　クラスでどの習い事を習っているのかアンケートをとりました。

　１クラスは 35 人。ピアノを習っている人は 10 人、水泳を習っている人は 15 人、サッカーを習っている人は 7 人いました。また、ピアノと水泳をどちらも習っている人は 5 人、水泳とサッカーを習っている人は 3 人、サッカーとピアノを習っている人は 2 人いました。すべてを習っている人は 1 人だけいました。

　では、何も習っていない人は何人でしょうか。

　この問題を何も書かずに解ける人がいたら、ぜひ自信をもってください！　すごいです！

　こんな問題のときによく使われるものがあります。ベン図です（ベンって何……？　と思うかもしれませんが、人の名前です。19 世紀イギリスの数学者ジョン・ヴェンがこの図を考案したんだとか）。

問題文の情報をベン図にまとめると以下のようになります。

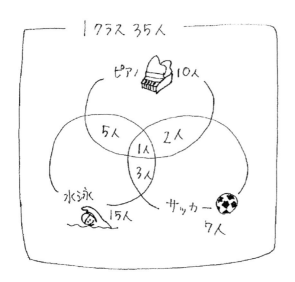

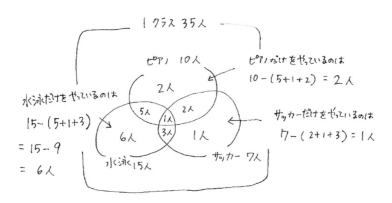

$$35 - (2+5+1+2+6+3+1) = 35 - 20 = 15$$

不ピアノのみ
不ピアノ+水
不ピ+水+サ
不ピ+サ
不水のみ
不水+サ
不サのみ

ピアノも 水泳も サッカーも
やっていないのは 15人だと
わかる ☺

　ベン図にしても難しいでしょうか。でも、ベン図を描かなければ手も足も出せなそうな問題が、足くらいは出るようになったでしょうか。
　ベン図は結構奥が深く難しいのですが、ここではこんなまとめ方もあるんだよ、というところでとどめておきたいと思います。

表で見えるようにする

　次の問題にいきましょう。

---

❶　お父さんは 37 歳、タクミくんは 5 歳です。
　3 年後、お父さんの年齢はタクミくんの年齢の何倍になりますか。

❷　時速 15km で走るマラソン選手は 5 分間で何 m 走りますか。

❸　マユちゃんは 1 袋 6 枚入りのクッキーを 8 袋買いました。1 日 2 枚ずつ食べるのと 1 日 3 枚ずつ食べるのとでは、食べきるまでにかかる日数は何日違いますか。

❹　1 本 70 円のえんぴつと 1 本 120 円のボールペンを合わせて 15 本買うと代金は 1300 円でした。えんぴつとボールペンはそれぞれ何本買ったでしょうか。

---

❶　お父さんは 37 歳、タクミくんは 5 歳です。
　3 年後、お父さんの年齢はタクミくんの年齢の何倍になりますか。

頭の中でもできるかもしれませんが、表にするとこうなります。
　今の年齢に 3 歳足すと、2 人の年齢はそれぞれ 40 歳、8 歳になりますね。

お父さん37歳　　　タクミくん 5歳

表にまとめると…

	お父さん	タクミくん
今	37さい	5さい
3年後	40さい	8さい

（今→3年後：お父さん +3、タクミくん +3）

$$\frac{お父さんの年齢}{40} = \frac{タクミくんの年齢}{8} \times ⃝?$$

$$⃝? = 40 \div 8 = 5$$

$$\underline{5倍}$$

❷　時速 15km で走るマラソン選手は 5 分間で何 m 走りますか。

　これは単位を変換していかないといけないので少し面倒かもしれません。

　が、難しく考えず、言葉で変換していくとあっさり解決できます。

　表で変換しても良いのですが、表を書くまでもなく、言葉で解決していく方法も時間の単位換算ではとっても有効です。

時速 15km

‖

1 時間 で 15km 進む

60 分間 で 15000m 進む

1 分間 で $\dfrac{15000}{60}$ m 進む

5 分間 で $\dfrac{15000}{60} \times 5$ m 進む

$$\dfrac{\overset{5}{\cancel{15000}}}{\underset{2}{\cancel{60}}} \times 5 = \dfrac{2500}{2} = \underline{1250 \ m}$$

表にすると

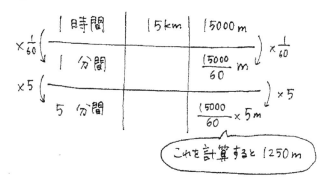

これを計算すると 1250m

　計算は最後にまとめて計算したほうが、約分ができて時短できることが多いです。

❸　マユちゃんは1袋6枚入りのクッキーを8袋買いました。1日2枚
　　ずつ食べるのと1日3枚ずつ食べるのとでは、食べきるまでにかか
　　る日数は何日違いますか。

　1袋6枚入りが8袋なので全部で6 × 8 = 48枚ですね。
　1日2枚ずつ食べると48 ÷ 2 = 24日、1日3枚ずつ食べると48 ÷
3 = 16日
　よって、24 − 16 = 8日違います。
　頭の中でもゆうに考えられるかもしれませんが、表にすると一目瞭然です
ね。

6枚 × 8袋 = 48枚

合計	48枚	48枚
1日あたり	2枚	3枚
食べきるまでの日数	48 ÷ 2 = 24日	48 ÷ 3 = 16日

24 − 16 = 8日間 ちがう！

❹　1本70円のえんぴつと1本120円のボールペンを合わせて15本
　買うと代金は1300円でした。えんぴつとボールペンはそれぞれ何
　本買ったでしょうか。

　この問題はつるかめ算で解いてももちろん構いません。が、中学受験をしない場合には特殊算を勉強するよりも方程式に慣れておいたほうが中学以降の勉強に役立つでしょう。

　中学生以上の知識を先取りする、というよりも、そこまで複雑ではないので、このくらいの概念は小学生でもぜひ理解しておきましょう。

　えんぴつとペンをそれぞれ何本買うのかはわからないので、わからないものは一旦「□」で置いてみます。今回はえんぴつの本数を□本と置いてみましょう。

　すると、合わせて15本なので、ペンの本数は（15－□）本とわかります。

　それを表にまとめると以下のようになります。

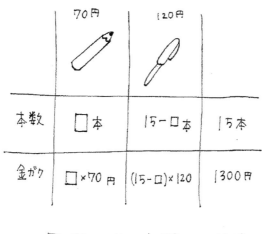

$$\square \times 70 + (15 - \square) \times 120 = 1300$$

　あとは、□を使ってえんぴつとペンの金額をそれぞれ表し、合計金額が1300円なので式を作り、だんご図の考え方を使って方程式を解いていきます。

　だんご図を使った方程式の解き方は後ほど詳しく解説しますので、参照ください。

だんご図にすると…

$$(\square \times 70) + ((15 - \square) \times 120) = (1300)$$

$$(\square \times 70) + (15 \times 120) - (\square \times 120) = (1300)$$

$$(\square \times 120) - (\square \times 70) = (15 \times 120) - (1300)$$

$$\square \times 50 = 30 \times 60 - 1300$$
$$= 1800 - 1300$$

$$(\square \times 50) = 30 \times 60 - 1300$$
$$= 1800 - 1300$$
$$= (500)$$

$$\square = \frac{500}{50} = 10$$

✏️ …10本 ，　🖊️ …5本

　勉強でも仕事でも、自分の頭の中で考える力と他の人にわかりやすく説明する力、両方が必要になります。表を使うとわかりやすくなります。ぜひできるようになりましょう。

　ではこちらの問題はどうでしょうか。

　ドーナツをつくろうと思います。ドーナツを 8 個つくるには小麦粉が 240g 必要です。今、ドーナツを 10 個つくろうと思います。小麦粉は何 g 必要でしょうか。

　これは計算だけで求められた人もいるかもしれませんね。
　表にしてみると、こんな風にまとめられます。

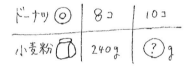

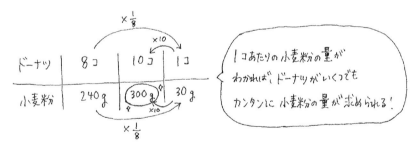

　このようにドーナツ 1 個あたりに必要な小麦粉の量がわかれば、ドーナツがいくつになっても小麦粉の量がカンタンに求められますね。

　こんな風に、ドーナツ 1 個で小麦粉 50g、ドーナツ 2 つで小麦粉 100g、といったように個数が 2 倍、3 倍になると、小麦粉も 2 倍、3 倍になるような関係を比例関係といいます。

　比例関係になっているときには、次に出てくる「クッキーの比」が使えます。

クッキーの比

> クッキー1枚10gです。クッキーが2枚になると何gですか？

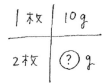

　20gですね。これなら小学校低学年でも簡単にわかりますね。比例の説明をするのにいつもこのクッキーを例に使っているので、この図のことを「クッキーの比の図」と呼んでいます。このあとも使っていきますのでどうぞよろしくおねがいします。

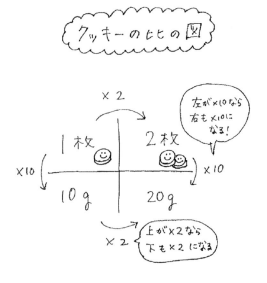

> 100g68円のお肉、1000gだといくらでしょう。また、10gだといくらになるでしょうか。

100g	1000g
68円	⑦円

100g	10g
68円	⑦円

　このように、上も10倍になれば下も10倍に、上が0.1倍になれば下も0.1倍になるのが比例の特徴です。

　また、タテの関係も、左の上から下にいくのが×$\frac{68}{100}$になっていれば、右も上から下にいくのには×$\frac{68}{100}$になります。また、下から上にいくには、左も右も×$\frac{100}{68}$になっています。

上が ×10 なら

100g	1000g
68円	680円

下も　×10　で出せる！

上が ×0.1 なら

100g	10g
68円	6.8円

下も　×0.1　で出せる！

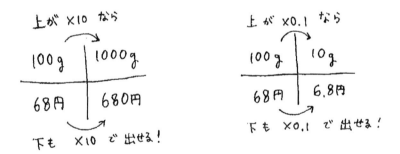

左が $\frac{68}{100}$ なら

100g	1000g
68円	680円

右も ×$\frac{68}{100}$ で出せる！

　1ダース（12本）で900円のりんごジュースがあります。1本あたりの金額はいくらでしょうか。

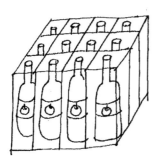

12本で 900円

言葉で考えると…

左が　　12本で 900円　　右も
×$\frac{1}{12}$　　　　　　　　　　　　　×$\frac{1}{12}$
なので　1本で ？円　　で出る!

900×$\frac{1}{12}$ = 75

クッキーの比にすると…

×$\frac{1}{12}$ (
12本	900円
1本	900×$\frac{1}{12}$ =75円
) ×$\frac{1}{12}$

　このように比例している場合には、クッキーの比の図の中でわからない数値があっても計算ですぐに出すことができますね。あとに出てくる比、割合は、これがわかればほとんどのことがわかっていると言ってもいいかもしれません。少し数値が複雑になるだけです。

　さて、今までは問題文の情報を絵・図・表に変えて「見える化」をすると、どれだけカンタンに答えを導き出せるか、ということを紹介しました。

　次の章では、今まで説明をしてきた「楽な計算の仕方」、「だんご図」、「見える化」を使って、いろいろな分野の問題を解いていってみましょう。
ポイントは、なるべく楽に、わかりやすくしようとすることですよ！

なに算をすればいいのかわからない！ どうしたらいい？
苦手な子こそ絵を描こう

　個人指導で算数を教えていると、なに算をすればいいのかわからない子がたまにいます。そして、わからないときに何をするかというと「かけざんをする」のです。（笑）
　本当はたしざんが正解な問題でも、とりあえず２つの数を見ると「かけざん」をしておけば答えらしいものが出るだろう、ということみたいです。なんだか大昔にタイムスリップして、おまじないで病気を治そうとしている感じですね。つまり、あてずっぽうで問題を解こうとしているのです。そして

そんな生徒が一定数以上います。

　これでは算数はできるようになりませんが、なぜそんな風に考えてしまうかというと、「どういうことなのかが頭の中でイメージできていないから」に他なりません。

　なので、この計算、問題がどんな状況のこういう場合を言っている、ということをイメージさせてあげることが必要です。具体的には、状況を絵や図、表、または実物を使って「見えるようにする」こと、そして計算には「単位をつけること」です。

　大人はもう理解できているので、「え？　こんなことがわかっていなかったの？」と思うかもしれませんが、子どもにとっては初めての世界です。たしざんの繰り上がり、ひきざんの繰り下がり、万や億などの大きい数、わりざんの考え方、などつまずくポイントは小学校低学年の中だけでもたくさんあります。

　絵にするときは、なるべくその子が好きなものにすると、より抵抗がないでしょう。たとえば女子であればお菓子、果物、男子であれば恐竜、車などでしょうか。ラーメンでも、お金でも、生活の中でよく出てくるものを例に出して説明してあげると、「なんだ、こんなに簡単なことだったのか」と理解できることが多いです。ぜひやってみてくださいね。

2章

分野別

❶ いろいろな数と計算

2 ケタ以上の計算はお金で考える

　小学校低学年で、2 ケタ以上の計算につまずく子がいます。

　その場合にはお金の絵を書いて、どういうことなのかをイメージしやすくしてから説明してあげると理解しやすくなります。

　次の問題も筆算を使わずに考えてみましょう。

> ❶　156 + 243
> ❷　378 + 149

❶　156 + 243

　この計算をお金で表すと以下のようになります。

　百の位は百円玉、十の位は五十円玉と十円玉、一の位は一円玉で表します。

　今回は繰り上がりがないのでスムーズです。

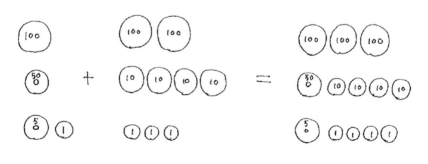

156 + 243　　　　＝　　　399

❷ 378 + 149

こちらも前のページと同様にお金で表します。

今回は十の位と一の位でそれぞれ繰り上がりがあるので、百円玉 1 枚分と十円玉 1 枚分がそれぞれ繰り上がります。

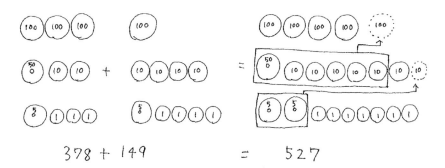

$$378 + 149 \qquad = \qquad 527$$

では、最後に 0 がつく計算はどうでしょうか。

❶	1300 + 2700
❷	560 − 120
❸	13 × 300
❹	520 × 1300
❺	264 × 1000
❻	4800 ÷ 6
❼	840 ÷ 210

カンタンすぎたでしょうか。

まさか、筆算していませんよね……？

こんな風に考えると筆算がいりませんよ！

❶　1300 ＋ 2700

　百円玉が 13 枚と 27 枚あります。合わせて何枚ありますか？

　　13 ＋ 27 ＝ 40 枚の百円玉があるのだから 0 を 2 つつけて、4000 円。
答えは 4000。

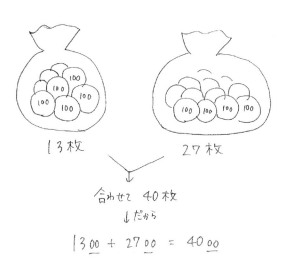

といった具合です。

❷ 560 − 120

これも同様です。今度は 0 が 1 つなので百円玉ではなく十円玉で考えます。

十円玉が 56 枚あったところから 12 枚使う。

56 − 12 = 44 なので後から 0 を 1 つつけて 440。

56 − 12 が暗算でできない？ としたらこう考えましょう。

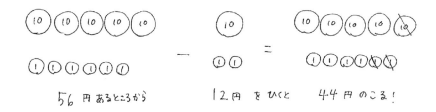

56 円 あるところから　　12 円 を ひくと　　44 円 のこる！

❸ 13 × 300

これも、お願いですから筆算はしちゃいけませんよ！ 00 をいったん置いておいて計算して、後からつけましょう。

13 × 3̲0̲0̲
　　あとで考える！

↓

13 × 3 = 39　　それに 00 をつけて　　→　　3900

❹　520 × 1300

これは上2ケタが数字なので、筆算しても良いでしょう。

そのときの筆算の仕方、ぜひこんな風に考えてくださいね！

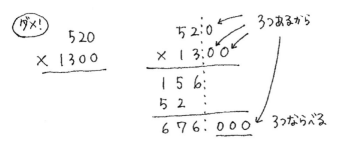

0は0だけ点線の右に合わせて、後でくっつけます。

❺　264 × 1000

こちらはどうでしょうか。これも暗算でいきたいですね～！000をつけるだけですよ！

たまーにこんな筆算をする生徒がいるんですが、ダメですよ！

$$264 \times 1000$$

せめて筆算するのであればこう書いてもらいたいものです。

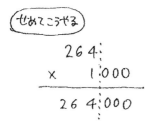

❻ 4800 ÷ 6

こちらは先ほどと同様、百円玉が48枚あるとして、それを6人で分けます。48 ÷ 6 = 8 なので答えは 800 です。

❼ 840 ÷ 210

こちらはどうでしょう。これは 21 と 84 の関係に気が付ければすぐにわかりますね。

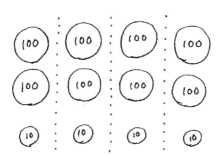

兆・億・万は4つで区切って考えよう

さらに大きい数になるともっと頭が混乱する子も多くなりますね。
早速、次の問題を解いてみましょう。

---

❶　160052000 ＋ 849000

❷　2兆4500億＋601億8千万16

❸　3兆1100億－1兆7600億

❹　3120万× 60

❺　15万× 42万

❻　26億× 3万

---

❶　160052000＋849000

これはケタが大きいので、筆算してよいでしょう。

「筆算しないで！」と今まで声高々に言ってきましたが、暗算で済むように工夫できないか考えてみて、やはりダメそうであれば筆算してくださいね。

口酸っぱく筆算をしないように言っているので、筆算するしかないような複雑な計算までも頭の中で計算しようとする生徒がたまにいます。

頭の中で筆算をするくらいなら紙に書いてくださいね！ 大事なのは、筆算をしないで済むように工夫すること、そして工夫できるかを見極めることです。工夫のしようがないものは潔く筆算しましょう。

筆算をするときに大事なことは、タテの列をそろえて書いて見やすくすることです。

また、紙に書くときはなるべく広いスペースで、上の方から書いていきましょう（たまに、ノートの端っこのあちこちに筆算をする子がいますが、それだと見直しがしにくくなってしまいます。ノートの右半分を筆算スペース

にして、問題の順に上からスペースを使っていくとよいでしょう）。

```
  160052000
+    849000
  160901000
```

計算自体は筆算をするだけなので難しくありませんね。

❷ 2兆4500億＋601億8千万16

ケタの大きい数の計算は、4つずつ区切って考えるとわかりやすくなります。

大きい数は　4ケタずつ　区切って考える！

```
  2 | 4500 | 0000 | 0000 |
         ち      お      ま
+       601 | 8000 | 0016 |
              お      ま

  2 | 5101 | 8000 | 0016 |
         ち      お      ま
```

2兆5101億8千万16

❸　3兆1100億－1兆7600億

これも 4 つずつ区切れば、あとは繰り下がりだけ気をつければ問題ありませんね。

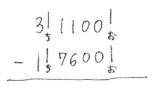

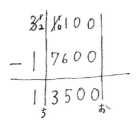

❹　3120万×60

こちらも繰り上がりがあるので筆算してしまいましょう。このくらいカンタンに暗算できるよ！　という方はぜひ暗算してください。

筆算する場合は、0 はタテの列でそろえて一旦置いておいて計算しましょうね！

```
    3 1 2 0 万
×     6 0
  1 8 7 2 0 0 万
```

⇩ 改めて 4 つずつ区切ると…

```
1 8 7 2 0 0
  億     万      となるので
```

答えは　18億7200万

❺ 15万×42万

漢数字同士のかけざんはいやだなぁと思う方は多いでしょうか。

わからなくなったら筆算で、0が何個になるのかを考えればいいだけです。

15万×42万

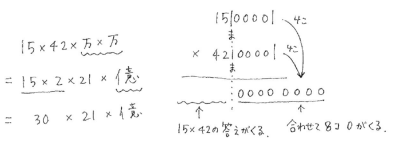

15×42×万×万

= 15×2×21×1億

= 30 ×21×1億

= 630 1億

15×42の答えがくる. 合わせて8コ 0がくる.

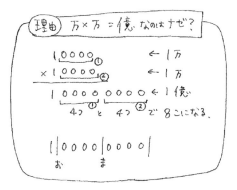

理由 万×万＝億 なのはナゼ?

71

❻　26億×3万

$26億 × 3万$

$= 26 × 3 × 億 × 万$

$= 78兆$

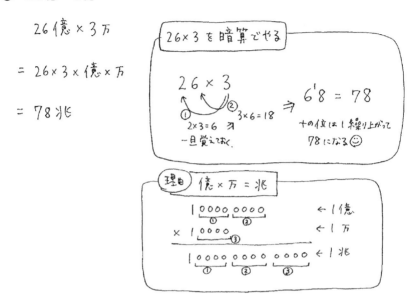

わりざんの考え方をマスターしよう

　ここで、わりざんの考え方について説明します。いつの間にか出てきて何となくできるようになっているわりざんですが、本質を理解しようとすると難しく、ふに落ちないまま過ぎてしまっている人が多くいます。

　ただの計算として式や数字だけを追うと疑問にも思わないのですが、絵にすると少し厄介です。何が厄介なのかがわかる問題を2問解いてみましょう。

● 8÷2を、8個のおもちを2で割ることをイメージして2通りの方法で絵にかいてください。

● 14枚のクッキーがあります。これを4人で平等に分けるとき、どんなわけ方がありますか？

---

　8 ÷ 2 を、8 個のおもちを 2 で割ることをイメージして 2 通りの方法で絵にかいてください。

　質問の仕方がふわっとしているため答えるのが難しいでしょうか。
　計算だけでいうと 8 ÷ 2 ＝ 4 なのですが、絵にするとなると「2 個ずつ割っていく」のか「2 グループに分ける」の違いがありますね。

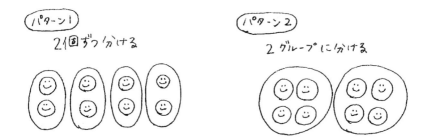

　わりざんではこのように「個数」で分けるのか、「グループ」に分けるのか、どちらの単位で割るのかによって、1 つの式から 2 つの意味がとれてしまうので、他の計算よりも厄介です。

　では次の問題にいきましょう。
　14 枚のクッキーがあります。これを 4 人で平等にわけるとき、どんなわけ方がありますか？

　これは、いつも通り筆算をしていくと途中で困ってしまいます。
　「どこで終わればいいの……？」という疑問が生まれますよね。

　算数の問題だと、こういう迷いが起こらないよう、「あまりを出しなさい」「小数点第 1 位まで求めなさい」などという条件が書いてあります。
　もし書いていない場合には、「あまりを出す」のか、もしくは「小数点以下まで出す」のかを文脈で判断する必要があります。

　今回は、あえてどちらで出せばよいのか言っていないので困ってしまったと思いますが、それぞれの考え方で分け方がどう違うのかを考えてみましょう。

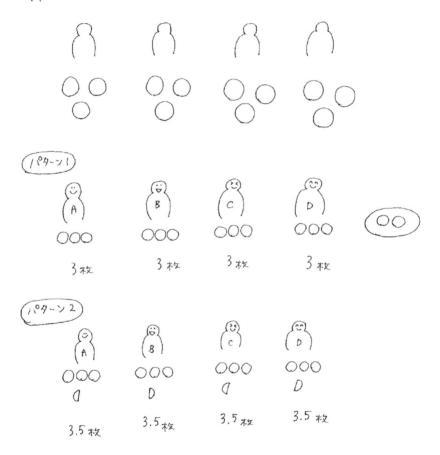

　パターン1の方はクッキーを割らずに余った2枚は食べずに残しておく考え方ですね。パターン2の方は、クッキーを4人ですべてを均等に分ける考え方です。

　考え方の違いを理解して、状況によって使い分けできるようになるため、練習問題を 4 つ解いてみましょう。

● 1 から 100 までの間に 6 の倍数はいくつありますか。

● 100 個のたこやきがあります。たこやきを 6 個ずつ入れられるパックは最低何枚必要でしょうか。

● 100 個のたこやきを 6 個ずつ 1 パックに入れて売り出します。6 個入りのパックを作れるだけ作り、1 パック 400 円で売れたとすると、いくら売り上げることになりますか。

● 100g の白米を 6 等分すると、1 つあたり何 g に分けられますか。

　これらは式にするとすべて 100 ÷ 6 になります。答えはどうなるでしょうか。

　1 から 100 までの間に 6 の倍数はいくつありますか。

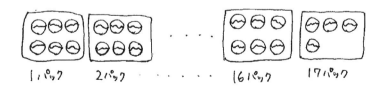

　このように考えると 100 ÷ 6 = 16 あまり 4 で　答えは 16 ですね。

　100 個のたこやきがあります。たこやきを 6 個ずつ入れられるパックは最低何枚必要でしょうか。

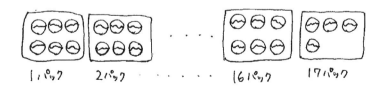

　このように考えると 100 ÷ 6 = 16 あまり 4 で　余った分を入れるパックも必要なので答えは 16 + 1 = 17 ですね。

100 個のたこやきを 6 個ずつ 1 パックに入れて売り出します。6 個入りのパックを作れるだけ作り、1 パック 400 円で売れたとすると、いくら売り上げることになりますか。

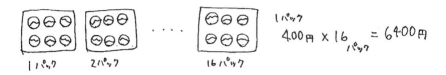

このように考えると、100 ÷ 6 = 16 あまり 4 で 16 パックが 400 円で売れたので答えは 16 × 400 = 6400 円ですね。

100g の白米を 6 等分すると、1 つあたり何 g に分けられますか。

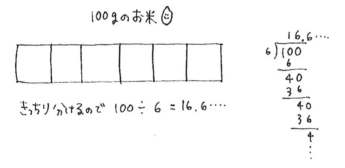

このように考えると、100 ÷ 6 = 16.66…なので答えは 16.66…g ですが実際に量るときにはそこまで詳しくは量れないので 16.7g くらいで分けるとよいですね。

公倍数、公約数はかけざんで分解して考えよう

つまずく人の多い倍数、約数のところですが、これも絵でイメージできるとそこまで難しくありません。

早速問題を解きながら考え方を紹介していきますね。

> (42, 63) の最小公倍数、最大公約数は何ですか。

　最小公倍数、最大公約数と見た瞬間、「すだれ算（わりざんがひっくり返ったような形の計算）」を始めたくなるかもしれませんが、一度次の文を読んでみてください。

◆ 最小公倍数・最大公約数の見つけ方

① それぞれの数を 素数のかけ算 に 分解する.

(42, 63)
↓　　↓
6×7　7×9
↓　　↓
2×3×7　3×3×7

最小公倍数
② 何をかけたら 同じ数に なるかを考える.

2×3×7　　3×3×7
↑　　　　　　↑
こっちには ×3 を、こっちには ×2 をすれば両方とも

2×3×3×7 になる!

③ その数が 最小公倍数 です!

2×3×3×7 = 6×21 = 126

最大公約数
② 共通 しているものを見つける.

2×3×7　　3×3×7
　　　↑　　　　↗
　　　同じ

③ その数が 最大公約数 です!

　わかるでしょうか。それぞれの数字を、九九で思いつく数字で分解し、割れるだけ細かく、小さい数字のかけざんになるように分解していきます。（①）

　最小公倍数を求めたい場合には、それぞれの数字のかけざんに対して、何をかけたら同じ数字のかけざんになるのかを考えます。（②）

　同じ数字のかけざんになったら、そのかけざんの答えが最小公倍数です。（③）

　最大公約数を求めたい場合には、それぞれの数字のかけざんの中で、共通している数字を見つけます。（②）その、共通している数のかけざんの答えが最大公約数です。（③）

　わりざんをしていって、これ以上割り切れない数字になりますね。その数字を「素数」といいます。その素数それぞれを、お菓子に例えます。例えば2はあめ、3はチョコ、7はおせんべい、といった具合です。

　数字を、その素数同士のかけざん（お菓子のかけざん）に分解します。
　数字が違えば当然お菓子の組み合わせが異なりますが、
・組み合わせが同じになるように2人に追加してお菓子をあげたときのお菓子の組み合わせ（かけざんした結果）が最小公倍数。
・2人が共通して持っているお菓子の組み合わせ（かけざんした結果）が最大公約数になります。

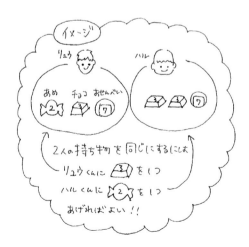

学校の算数では「すだれ算」一辺倒ですが、この方法で理解をしてもらえると「素因数分解」の考え方が身に付き、良い数的感覚が育ちます。ぜひ使ってみてくださいね。

（132, 84）

$$(1\,3\,2, \ 8\,4)$$
$$\downarrow \qquad \downarrow$$
$$\underline{12 \times 11} \qquad 4 \times 21$$
$$\downarrow \qquad\qquad \downarrow$$
$$\underline{3 \times 4 \times 11} \qquad \boxed{2 \times 2 \times 3 \times 7}$$
$$\downarrow$$
$$\boxed{2 \times 2 \times 3 \times 11}$$

最小公倍数 → $2 \times 2 \times 3 \times 11$ には ×7　　　をした $2 \times 2 \times 3 \times 7 \times 11$
$\qquad\qquad\qquad 2 \times 2 \times 3 \times 7$ には ×11
$$\text{〃}$$
$$4 \times 21 \times 11$$
$$\text{〃}$$
$$\underline{924}$$

最大公約数 → $2 \times 2 \times 3 \times 11$　　で共通する　$2 \times 2 \times 3$
$\qquad\qquad\qquad 2 \times 2 \times 3 \times 7$
$$\text{〃}$$
$$12$$

小数

　小数が今までの整数の計算と違うのは、「小数点が登場する」ということです。

　たしざん、ひきざんは整数の計算とほとんど変わりませんね。

　かけざんは小数点の位置が変わるのでそこは注意しましょう。

　少しやっかいなのはわりざんです。「小数で割る」という概念が少しイメージしづらいかもしれませんね。

　次の問題が、どんな状況なのかをイメージしてみましょう。

$3 \div 0.5$

　筆算でやると以下の通りですね。確かに答えは6です。

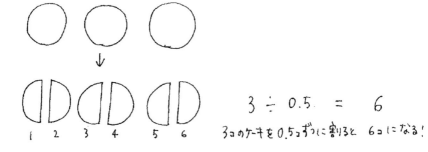

　ただ、次のように理解できると気持ちが良いです。

3つのチーズケーキを 0.5 (つまり半分) ずつ区切る.

$$3 \div 0.5 = 6$$

3コのケーキを 0.5 ずつに割ると 6コになる!

　1より小さいもの（数字）で割ると、もともとの数よりたくさんにわけられる、という感覚はとても大事にしましょう。

　数の大きさをとらえる問題を解いてみましょう。

> 　0、1、2、3と小数点を使ってできる、4より小さい範囲の中で最も小さい数、最も大きい数、最も1に近い数はそれぞれなんですか。

　できる数字を数直線上に置くと以下のようになりますね。
　このように、数字の大小は数直線上で考えると見えるようになり、理解が進みます。

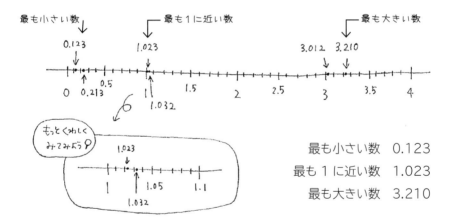

最も小さい数　0.123

最も1に近い数　1.023

最も大きい数　3.210

分数

　公倍数をみつけられるようになると通分ができるようになり、分数の計算自体はできるようになるかと思います。

　ただ、ここでもまず大事なのは、どういうことなのかを理解することです。次の計算を、目で見えるように計算してみましょう。

---

❶　$\dfrac{1}{2} + \dfrac{1}{3}$

❷　$6\dfrac{5}{12} - 3\dfrac{13}{42}$

❸　$1\dfrac{2}{5} \times 2$

❹　$\dfrac{1}{2} + \dfrac{1}{4} + \dfrac{1}{8} + \dfrac{1}{16} + \dfrac{1}{32} + \dfrac{1}{64} + \dfrac{1}{128}$

❺　$\dfrac{2}{3} \div 4$

❻　$2 \div \dfrac{1}{3}$

　今まで数字の羅列でしかやってこなかった計算を、目で見えるように理解することは難しいですね。

　ケーキを用いて、どんなことをやっているのか理解してみましょう。

❶ $\dfrac{1}{2} + \dfrac{1}{3}$

ホールケーキ $\dfrac{1}{2}$ 個と $\dfrac{1}{3}$ 個をただ足そうとしても、切り方が違うので足せません。なので、同じサイズになるようにそれぞれを 3 分割、2 分割します。

そうすると、すべてが $\dfrac{1}{6}$ 個のサイズになるので足し合わせることができますね。

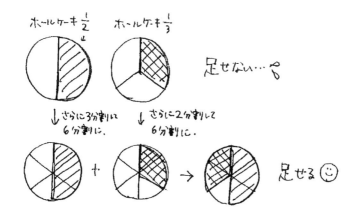

83

❷　$6\dfrac{5}{12} - 3\dfrac{13}{42}$

$6\dfrac{5}{12} - 3\dfrac{13}{42}$

絵にすると…

丸々6こ＋ちょっと　から、丸々3ことちょっと　を引くので、
まずは 6−3 をしちゃう.

$= 3\dfrac{5}{12} - \dfrac{13}{42}$

↑　　　↑
6×2　6×7
↑　　　↑
こっちに×7して、こっちに×2すれば
両方とも 6×2×7 になる!!

12と42を通分

$= 3\dfrac{5 \times 7}{6 \times 2 \times 7} - \dfrac{13 \times 2}{6 \times 2 \times 7}$

$= 3\dfrac{35}{6 \times 2 \times 7} - \dfrac{26}{6 \times 2 \times 7}$

35と26を比べて、35の方が大きいので、
そのまま引ける!

$= 3\dfrac{\overset{\scriptstyle 3}{\cancel{9}}}{\underset{\scriptstyle 2}{\cancel{6}} \times 2 \times 7}$

$= 3\dfrac{3}{28}$

❸ $1\dfrac{2}{5} \times 2$

これをホールケーキにすると、「まるまる 1 個と、5 等分したものを 2 つ」のセットが 2 つあるということですね。

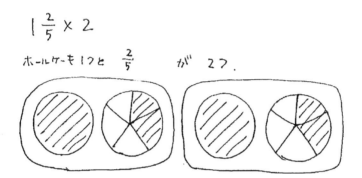

❹　$\dfrac{1}{2} + \dfrac{1}{4} + \dfrac{1}{8} + \dfrac{1}{16} + \dfrac{1}{32} + \dfrac{1}{64} + \dfrac{1}{128}$

　これは、端から計算していこうとするとえらいことです。

　これはホールケーキを 128 分割もすると粉々になってしまうので画用紙で考えてみましょう。

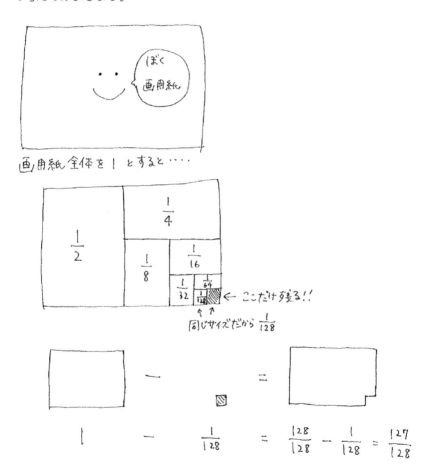

　どういう状況なのかが理解できていると、とっても気持ちよく解くことができますね！

❺　$\dfrac{2}{3} \div 4$

これはどうでしょうか。3つに分けたピザの2つ分を4人で分けるとどう
なりますか。

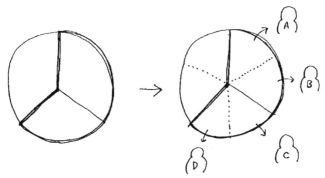

$\dfrac{2}{3}$ 枚を 4人で分けると … 1人あたり $\dfrac{1}{6}$ 枚ずつ。

❻　$2 \div \dfrac{1}{3}$

今度は2つのピザを、3等分したサイズで分けていくと何個に分かれるか、
ということですね。

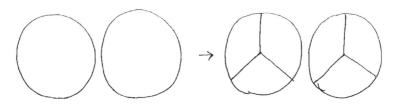

2枚のピザを $\dfrac{1}{3}$ 枚ずつに分けると 6個に分かれる.

偶数・奇数も絵を描けばカンタン！

　偶数、奇数の問題も絵を描けば直感でイメージができます。

　偶数……２の倍数（2,4,6,8 など）

　奇数……２の倍数でないもの（1,3,5,7 など）

ですね。早速次の問題にチャレンジしてみましょう。

> 偶数＋偶数
>
> 奇数＋奇数
>
> 偶数＋奇数
>
> 奇数－偶数
>
> 奇数－奇数
>
> 偶数×偶数
>
> 奇数×奇数
>
> 奇数×偶数
>
> これらの計算をした答えはそれぞれ偶数、奇数のどちらでしょうか。

　これを絵で見えるようにすると……

偶数＋偶数

奇数＋奇数

偶数＋奇数

奇数－偶数

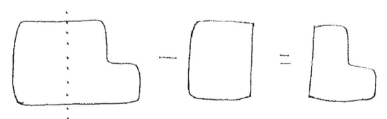

奇数－奇数

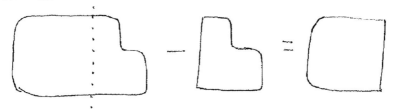

偶数×偶数、奇数×奇数、奇数×偶数

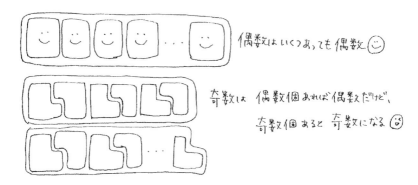

偶数はいくつあっても偶数 ☺

奇数は　偶数個あれば偶数だけど、

　　　　奇数個あると　奇数になる ☹

なんで子どもって勉強しないの？

　勉強しなさいと言ってはいけないとよく言われますが、宿題をしないでダラダラしているわが子を目の前にするとついつい言ってしまうのはよくわかります。

　ではなぜ、子どもは自分から勉強を始めないのか？　それは疲れるからで

す。

　勉強自体は興味深く、面白いかもしれません。また、問題に正解したら気持ちがいいかもしません。ただ、疲れるか、疲れないかでいうと間違いなく疲れるものですよね。

　ましてや、小学校に入るまではほとんどの子どもは勉強というものが生活の中にない状態から、急に生活の少なくない部分を占めるものになってしまうのですから子どもにとっては大きすぎる変化です。遊びの時間を減らしてまでやらないといけないこととして生活に入ってくる「勉強」。疲れる上に遊びが減るなんて、敵でしかありませんね。

　ですので、子どもが勉強を自分からやろうとしないのは当たり前です。

　では、だからといって勉強をやらないままにしてしまっていいのか？　答えは否です。

　理由は

①	勉強もできるようになれば楽しいかもしれないのに、やらなければ楽しくなることはないから
②	その子の人生に必要かもしれないから

です。

　確かに、やり始めるのにエネルギーがいるため億劫になってしまうのは当たり前です。でも億劫だからといってやる時間をとれないと勉強は一生できるようなりません。ではどうすればよいか？　勉強を「楽しいもの」として感じさせてあげればよいのです。それができれば苦労しないよ、と思われるかもしれませんが、「楽しいもの」と感じられるかどうかは、普段からの親の声かけ一つで決まったりします。計算ができるようになって「すごいね」とほめてあげたり、「こんな風になっているんだね、面白い！」とその子が勉強しているものに興味をもって、親自身が楽しむ姿勢を見せるだけでも変わりま

す。ぜひ大事にしてみてくださいね。

　また、それでもやはり勉強が楽しいと思えないときもあると思います。

　そんなときにも、「やりなさい！」ではなく、「やらないとどうなってしまうか？」を一緒に考えてあげると良いと思います。

　勉強しないと学校の授業がつまらなくなってしまうかもしれない、将来の夢が叶えられないかもしれない、お金の計算ができるようにならないとお買い物にもいけないし、大人になって稼げないかもしれない、そうしたらご飯が食べられなくなって、パパとママがいなくなったら生きていけないかもしれない、こんな風に、「勉強しないとどうなっていくのか」をどんどん想像させてあげると、きっとどこかの時点で「じゃあ勉強しよう」となるはずです。そうなったときに、あなたの人生にとって勉強が大事ならパパとママが応援してあげる、という理想のスタンスが完成します。

　それだと、本当に勉強しなくても問題ない、というところまで子どもが親を論破してしまうかもしれません。本当に論破できるようであれば、きっとあなたのお子さんは将来大物になるでしょう。その子が言うことを信じてあげてもいいのかもしれません。

　大事なことは、子どもが勉強しないことについて、誰に結果が跳ね返ってくるか、というと子ども自身である、ということです。

❷ 割合

割合ってなに？ なんであるの？

割合とは、もとにしたいものを 1 としたときに、比べたい数がどのくらいなのかを表す数字です。

例えば、「ハルくんは身長 68cm、メイちゃんは 136cm です。」
と言うのと、「ハルくんの身長を 1 とするとメイちゃんの身長は 2 です。」
と言うのではどちらの方がイメージしやすいでしょうか。

おそらく後者ですよね。

93

式にすると…

$$\boxed{\text{ハルくんの身長}} = \boxed{\text{メイちゃんの身長}} \times \bigcirc$$

は　　　　　　　　　　　　の　　　何倍

$$68 = 136 \times \bigcirc$$

だんご図にすると…

$$68 = (136 \times \bigcirc)$$

$$\bigcirc = \frac{68}{136} = \frac{1}{2}$$

ハルくんの身長は　メイちゃんの身長の $\frac{1}{2}$倍　です。

　このように、割合とはもとにしたいものを1と表すことで、比較するものの大きさをイメージしやすくしてくれます。

　なので、割合が1であればもとの大きさと同じ。1よりも小さければもとよりも小さい。1よりも大きければもとよりも大きい。ということがすくにわかりますね。

　また、割合が1よりも小さい数になってしまったときに、いちいち0.3や0.07などと小数点がある数字で表すと少しメンドくさいので、

0.1のことを1割

0.01のことを%（パーセント）、分（ぶ）

0.001のことを厘（りん）

などと表すこともあります。

　また、割合は小数でも分数でもどちらでも表すことができます。

　では早速次の問題について考えてみましょう。

1000 × 1.02

1000 × 0.985

$1000 \times \dfrac{87}{100}$

1000 × 243%

1000 × 6.5割

　この中で、1000よりも大きい数になるものは何ですか。すべて挙げてください。

　割合をやったことのある方にはカンタンすぎるかと思いますが、ここで一つ、割合が出てきたときにぜひイメージしてもらいたいものをお伝えします。

　割合のだんごです。

　割合を、1章のトレーニング編で出てきた分数のおだんごに見立ててイメージしてください。上のだんごが大きいもの（キノコ型）と下のだんごが大きいもの（ゆきだるま型）に分けて考えます。

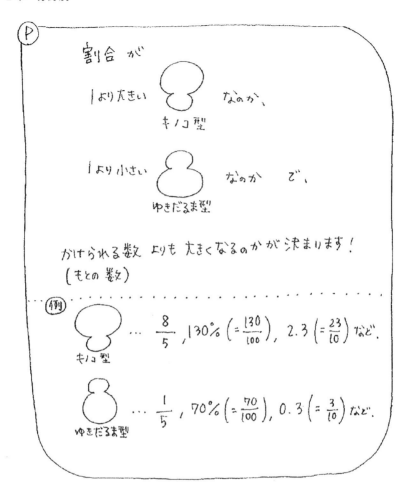

そのように考えると、先ほどの問題の割合はそれぞれ下図のようなおだんごになります。

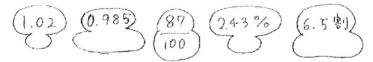

今聞かれているのはもとの数よりも大きくなるもの、なので正解はキノコ型の1.02、243%、になります。

じゃあどうやって勉強を始めさせる？

　先のコラムでは、少し理想論めいたことを言ってしまいましたが、「ではどうやって勉強させ始めればよいか？」というと、「1日、1週間の中で勉強をする時間を決めてしまう」のがオススメです。習い事と一緒です。毎週水曜日の16時からスイミングの習い事をしていたとしたら、毎週その時間は基本的にプールにいって泳ぐはずですよね。それは、お金も払っているから、などの理由もありますが、「やる、と決めているから」行くのですよね。

　勉強も同じです。勉強は基本的に家でやるのでいつでもできてしまいますが、「いつでもできる」ではなく、「この時間にはこれをやる」と事前に決めておくのです。

　そうすると、親に言われたら勉強開始、というのではなく、時間になったから開始、となり、より親に言われてやらされる感がなくなります。

　この、「やらされる感」をなくす、ということは非常に重要です。

　ちょっと想像してみてください。

　もしあなたが、家事、たとえばキッチンの片づけを、子どもや夫に「今やりなさい！」と言われたらどう思いますか？　それを言われたときの自分を想像するだけでも恐ろしいですね……。

　キッチンの片づけをしなければキッチンに洗い物がたまってしまうわけですから、誰に言われなくてもどこかの時点で必ず片づけるはずですよね。

　それなのに、片づけ始める前に誰かに指図されてしまったら一気にやる気を失って、「うるさいな、じゃああなたがやれば？」と言ってしまいそうですよね。

それが勉強しなさいと言われたときの子どもの心境です。

あなただったらそんなときどんな言葉をかけてもらえばキッチンを片づけよう！ と思えるでしょうか。これを考えるだけでもきっと子どもへの声のかけ方が変わると思います。

また、やれたことに対して達成感を味わうことも、何かを持続するためにはとっても重要です。勉強ができた日にはシールを貼る、スタンプを押す、こんな簡単なことでも、子どもはやる気を出すことがありますし、実は私たち大人も同じです。ぜひ親子で何かが継続してできたことを喜べると楽しいですね。

問題文から「く・も・わ」を見つけよう

ここまで、割合の大きさについてのイメージをお伝えしました。

言葉を式にすると「もとにする数×割合＝比べたい数」になりますね。

では、次の問題を解きながら、「もとにする数」「割合」「比べたい数」をそれぞれ明らかにして式を立てる練習をしましょう。

---

❶ (1) $2.5m^2$ をもとにしたときの $2m^2$ の割合を求めよ。

    (2) $2.5m^2$ をもとにしたときの $12m^2$ の割合を求めよ。

❷ ☐円をもとにすると 1260 円の割合は 1.8 です。

❸ ☐m^2 の 9 割 5 分は $2280m^2$ です。

❹ 2200m の 15%は☐m です。

---

❶ $2.5m^2$ をもとにした割合を求めよ。

もとにする ＝ 1 にする ＝ 分母におく！

$$割合 = \frac{くらべる数}{もとにする数}$$

(1) $\dfrac{2m^2}{2.5m^2}$ イメージ

上が小さくて 下が大きい から答えは 1 より小さくなる！

$$\frac{2}{2.5} = \frac{8}{10} = 0.8 m^2$$

(2) $\dfrac{12}{2.5} = \frac{48}{10} = 4.8 m^2$

❷.　□円をもとにすると 1260 円の割合は 1.8 です。

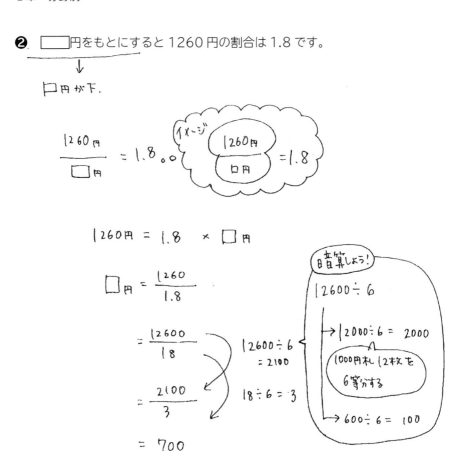

□円が下.

$$\frac{1260\,円}{\square\,円} = 1.8$$

イメージ　$\dfrac{1260\,円}{\square\,円} = 1.8$

$1260\,円 = 1.8 \times \square\,円$

暗算しよう！

$\square\,円 = \dfrac{1260}{1.8}$

$12600 \div 6$

$= \dfrac{12600}{18}$

$12600 \div 6$
$= 2100$

→ $12000 \div 6 = 2000$

1000円札 12枚を 6等分する

$= \dfrac{2100}{3}$

$18 \div 6 = 3$

→ $600 \div 6 = 100$

$= 700$

答え 700 円

❸ ☐m² の 9 割 5 分は 2280m² です。

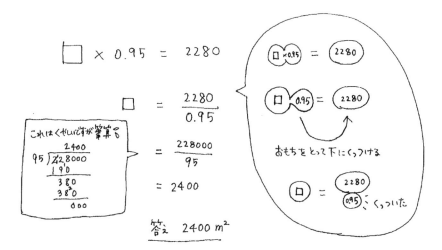

$$☐ \times 0.95 = 2280$$

$$☐ = \frac{2280}{0.95}$$

これはくわしいですが筆算で

```
      2400
95 ) 228000
     190
      380
      380
        000
```

$$= \frac{228000}{95}$$

$$= 2400$$

☐ ×0.95 = 2280

☐ 0.95 = 2280

おもちを とって 下に くっつける

☐ = 2280 / 0.95 くっついた

答え 2400 m²

❹ 2200m の 15%は☐m です。

$$2200 \times 0.15 = ☐$$

$$1100 \times 0.3 = ☐$$

$$☐ = 1100 \times 0.3$$

$$= 110 \times 3$$

$$= 330$$

答え 330 m

では続いて後半です。少し問題文が長くなりますよ。

---

❶　ハルくんの足の大きさは 14cm、メイちゃんの足の大きさはハルくんの足の大きさの 1.5 倍です。メイちゃんの足の大きさは何 cm ですか？

❷　メイちゃんは 10 歳で、ハルくんの年齢の 5 倍です。ハルくんは何歳ですか？

❸　果汁 30%のリンゴジュース 350mL の中に、果汁は何 L 入っていますか。

❹　ホットケーキ 3 枚あるうち $1\frac{5}{8}$ 枚食べました。何%食べましたか？　小数第一位まで求めなさい。

❺　赤い車は 144 万円、白いトラックは 576 万円です。赤い車の金額の、白いトラックの金額に対する割合はどのくらいですか。

---

❶　ハルくんの足の大きさは 14cm、メイちゃんの足の大きさはハルくんの足の大きさの 1.5 倍です。メイちゃんの足の大きさは何 cm ですか？

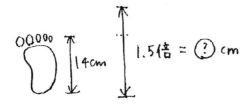

式にすると…

| メイちゃんの足の大きさ | = | ハルくんの 足の大きさ | × | 1.5 |

は の

〇 = 14cm × 1.5

〇 = 21 cm

❷ メイちゃんは10歳で、ハルくんの年齢の5倍です。ハルくんは何歳ですか？

式にすると…

| メイちゃんの年齢 | = | ハルくんの 年齢 | × 5 |

は の

10 = 〇 × 5

だんご図にすると

(10) = (〇 × 5)

(〇 × 5) = (10)

〇 = $\frac{10^2}{5_1}$ = 2歳

❸　果汁 30%のリンゴジュース 350mL の中に、果汁は何 L 入っていますか。

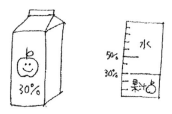

$$350\,mL \times 30\% = 350 \times \frac{30}{100} = 105\,mL$$

答え　105 mL

❹　ホットケーキ 3 枚あるうち 1$\frac{5}{8}$ 枚食べました。何%食べましたか？　小数第一位まで求めなさい。

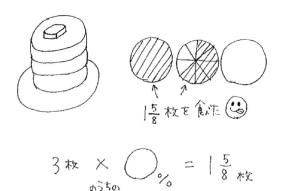

1$\frac{5}{8}$ 枚を食べた 😋

$$3\,枚 \times \bigcirc\% = 1\frac{5}{8}\,枚$$
のうちの

だんご図にすると

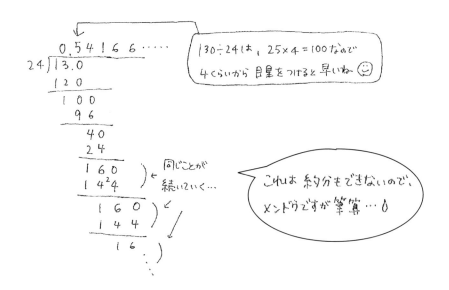

$$3 \times \bigcirc = 1\frac{5}{8}$$

$$\bigcirc = \frac{1\frac{5}{8}}{3} = \frac{\frac{13}{8}}{3} \begin{matrix} \times 8 \\ \times 8 \end{matrix} = \frac{13}{24} = 0.54166\cdots$$

$$= 54.166\cdots\%$$
四捨入

$$= 54.2\%$$

```
        0.5 4 1 6 6 ·····
  24 )1 3.0
     1 2 0
       1 0 0
         9 6
           4 0
           2 4
           1 6 0    ←同じことが
           1 4²4      続いていく…
             1 6 0
             1 4 4
               1 6
```

130÷24は、25×4＝100なので
4くらいから 目星をつけると 早いね☺

これは 約分もできないので、
メンドウですが 筆算… 0

❺　赤い車は144万円、白いトラックは576万円です。赤い車の金額の、
　　白いトラックの金額に対する割合はどのくらいですか。

「白いトラックの金額に対する割合」をきかれているので、白いトラックの
金額をもと（＝1）にします。

図にすると

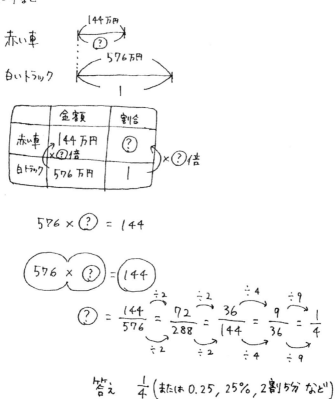

$$576 \times \text{?} = 144$$

$$\text{?} = \frac{144}{576} \xrightarrow{\div 2} \frac{72}{288} \xrightarrow{\div 2} \frac{36}{144} \xrightarrow{\div 4} \frac{9}{36} \xrightarrow{\div 9} \frac{1}{4}$$

答え　$\frac{1}{4}$（または 0.25、25％、2割5分 など）

どっちがお得かな？

　割合の計算に少し慣れてきたでしょうか。ではここで問題です。

　モノを「100円引き」で買うのと「1割引き」で買うのだとどちらがお得でしょうか？

　「○円引き」と「○割引き」だと、同じ値引きですが子どもにとっては後者の方がだいぶ理解しづらい考え方です。

　では、なぜそんな理解のしづらい考え方が世の中にはあって、よく使われているのか？

　次の3つの問題について考えることから始めましょう。

---

❶　1つ500円のショートケーキを100円引きで買うのと、1割引きで買うのだと、どちらがお得ですか？

❷　1つ2000円のロールケーキを100円引きで買うのと、1割引きで買うのだと、どちらがお得ですか？

❸　100万円の自動車を100円引きで買うのと、1割引きで買うのだと、どちらがお得ですか？

---

❶　1つ500円のショートケーキを100円引きで買うのと、1割引きで買うのだと、どちらがお得ですか？

　100円引きで買う場合と1割引きで買う場合の金額を出して比べてみましょう。

○ 100円引きだと…

500 − 100 ＝ 400円 で買える.

○ 1割引きだと…

500 × (1 − 0.1) ＝ 450円 で買える.

つまり、100円引きの方がお得 ✧✧

❷　1つ2000円のロールケーキを100円引きで買うのと、1割引きで買うのだと、どちらがお得ですか？

○ 100円引きだと…

2000 − 100 ＝ 1900円 で買える.

○ 1割引きだと…

2000 × (1 − 0.1) ＝ 1800円 で買える.

つまり、1割引きの方がお得 ✧✧

このように、もとの金額によって どちらがお得かは 変わります。

「1割引き」のように 割合に応じた 値引きの方が、

金額が大きいときの 値引き額は 大きくなります

❸ 100万円の自動車を 100 円引きで買うのと、1 割引きで買うのだ
と、どちらがお得ですか？

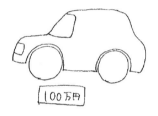

◦ 100円引きだと…

100万円 − 100円 = 99万9900円 で買える。

◦ 1割引きだと…

100万円 × (1−0.1) = 90万円 で買える。

つまり、1割引きの方が 9万9900円も 安く買える!!

　ここまでで 500 円、2000 円、100 万円のもので割引き額の違いを見て
きました。

　同じ「値引き」でも、もとの金額が大きくなると割合に応じた値引きのほ
うが、割引額が大きくなることがわかりましたね。

コラム

答えは教えちゃダメ！
考えるための道具を与えてあげよう

　子どもが小さいうちは、自分から勉強をしよう、という風になることはなかなかないので、はじめのうちは、「勉強をし始める」というハードルは親と一緒に越える場合が多いかもしれません。ただ、始まったらどうか、教えないで見守ってあげてください。

　子どもはしばしば、大人のあなたからするととっても非効率なことをします。

　もっとこうやって計算すればいいのに、こうやって考えればすぐに答えが出るのに、あっまたここでミスしてる！　何でこんなに字が汚いの？　書くのおっそいなぁなど、言い出せばキリがないほどに注意するポイントは浮かんでくると思います。

　でも、それをしては絶対にいけません。なぜか。勉強は、自分の力で問題を解決する力を身につけるためにやるものだからです。

　もし、となりで手取り足取り教えられる癖がついてしまうと、自力で解こう！　という意識をもてなくなります。何をしても何か言われる、であれば何か言われてからやろう、と思うようになり、「次は何をしたらいい？」「これはどうやってやればいい？」自分の力で前のめりになって考えることなく、人に与えられる知識だけに頼る指示待ち人間があっという間に完成します。

　いい大学に入ったからといって安定した生活が送れる保証もない今、答えのある問題を解法を覚えて解けることにそこまで大きな価値はありません。それよりも、学んだことを日々の生活に生かしたり、いろいろなことに関心を持ち、自分で工夫して物をつくったり調べたり、問題を解決できることの

ほうが大事な力です。

　論理思考力は、解き方のわからない問題を前に試行錯誤を繰り返しながら、ひたすら考えることによって身につきます。同じ問題を解いたとしても、どんな言葉をかけられて解くか、どれだけ教えられてしまったかで、身につく力は大きく変わってしまいます。ぜひ、言いたくなることをぐっと抑えて、自分で考える力という翼を子どもに授けたいですね。

線分図を使いこなそう

ここからは、いろいろなパターンの割合の問題を出題します。

まずは線分図を使うとわかりやすくなる問題を解いてみましょう。

---

❶ バスケットボールを 25 回投げたうち、72％が入りました。何回入りましたか。

❷ Aさんの家のしき地は 950m² で、プールは家のしき地の 64％の広さです。プールの広さは何 m² でしょうか。

---

❶ バスケットボールを 25 回投げたうち、72％が入りました。何回入りましたか。

25 回が 100％なので、クッキーの比の図と線分図にすると以下のようになります。

100％だと 25 回なので、72％なら 25 回× 0.72 したものが答えになりますね。

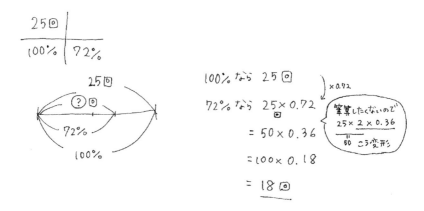

❷ Aさんの家のしき地は 950m² で、プールは家のしき地の 64％の 広さです。プールの広さは何 m² でしょうか。

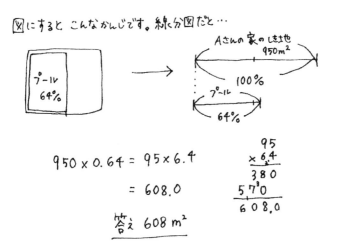

図にすると こんなかんじです。線分図だと…

$950 \times 0.64 = 95 \times 6.4$

$= 608.0$

答え 608 m²

$$\begin{array}{r} 95 \\ \times\ 6.4 \\ \hline 380 \\ 570 \\ \hline 608.0 \end{array}$$

200 ページの本を 1 日目に全体の $\frac{1}{4}$ を読み、2 日目に残りの $\frac{3}{5}$ を読むと、あと何ページ残っていますか。

線分図にまとめると…

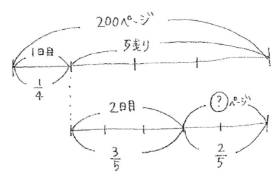

まずは 1 日目の残りのページ数を出しましょう。

$$200ページ × \frac{3}{\overset{\scriptstyle 50}{4}} = 150ページ$$

150ページの $\frac{2}{5}$ が ? ページにあたります。

$$? = 150ページ × \frac{2}{5} = \overset{\scriptstyle 30}{150} × \frac{2}{5}$$

$$= 60 \qquad \underline{60ページ}$$

> お花屋さんがチューリップに仕入れ値の8割の利益を見込んで定価をつけました。なかなか売れなかったので定価の2割引きにしたら売れて、利益は440円でした。チューリップの仕入れ値はいくらですか。

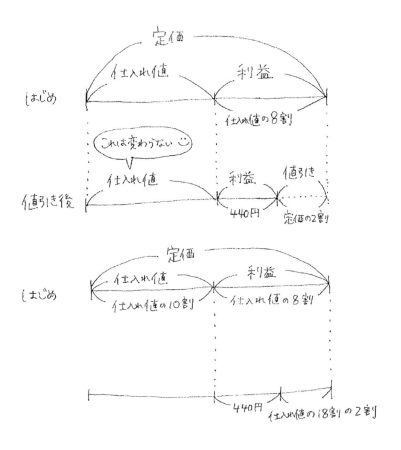

$$仕入れ値 \times 0.8 = 440 + 仕入れ値 \times 1.8 \times 0.2$$

だんご⊠にすると（仕入れ値＝仕にします.）

$$\boxed{仕} \times 0.8 = 440 + \left(\boxed{仕} \times 1.8 \times 0.2 \right)$$

$$\boxed{仕} \times 0.8 - \boxed{仕} \times 1.8 \times 0.2 = 440$$

$$\boxed{仕} \times (0.8 - 1.8 \times 0.2) = 440$$

$$\underbrace{0.8 - 1.8 \times 0.2}_{\substack{0.8 - 0.36 \\ \| \\ 0.44}}$$

$$\boxed{仕} = \frac{440}{0.44} = \frac{44000}{44} = 1000 \qquad \underline{仕入れ値は1000円}$$

苦手なんて言わないで！

よく、生徒の親御さんが「うちの子は算数が苦手で……」と相談に来ます。その時点で「ピピーッ！」と笛をならしたくなってしまいます。「苦手」という言葉、使っちゃだめです‼ 理由は３つあります。

まずは、失礼だからです。

たとえば上司に「あなたはこれが苦手ですね」と言ったりしますか？ そんな失礼なこと絶対に言えませんよね。では逆に、子どもに「ママって洗い物苦手だね」って言われたらどうでしょう。ショックですよね。

わが子を相手にすると、自分の一部だと思ってしまうからなのか、まったく気を遣わなくていい対象のように感じられてしまうことがありますが、これは勘違いです。自分の子どもであっても失礼なことは言わない、ショックなことは言わない。親しき仲にも礼儀ありです。

２つ目は、「苦手」と言っていると本当にそのとおりになってしまうからです。

言葉は言霊といって、その言葉通りのことが実現してしまう力を持っています。

というか、「あなたはこれが苦手だね」と言われると、「あ、私ってこれが苦手なんだな」と思ってしまいます。一度「自分は算数が苦手だ」と思ってしまうと、なかなかそのイメージを払拭することはできません。ですので、その子に「できない」というレッテルを貼るような言葉は、決して気軽に使わないほうがよいでしょう。

　3つ目は、「苦手」という漠然とした言葉で片づけずに、「何ができないか」を明確にすれば、それは克服可能になるからです。

　「苦手」という言葉を使いたくなる気持ちもわかるのですが、はっきりいって「苦手」という状態などありません。

　あるのは、「この問題の解き方がわからない」「この考え方が理解できない」といった具体的な課題です。「苦手」という言葉を使う代わりに、ぜひ「何ができていないのか」を分解してつきとめるようにしましょう。

　具体的な課題は、たとえ数が多くても、一つ一つ克服していくことができます。今できないことがあったとしても、それをできるように自分を更新していくことはいくらでもできるのです。

食塩水の問題も絵と表を書けばカンタン！

　ここでは、割合の中でもつまずく人が多い、食塩水（濃度）の問題を扱います。

　まずは問題を自力で解いてみましょう。

> コップの中に濃度 20%の食塩水が 300g 入っています。この中の食塩水を 50g 捨てて、代わりに水を 50g 加えてよくかき混ぜました。容器の中の食塩水の濃度は何%ですか。

濃度の問題は、コップと表を書くと情報がすっきりします。

表では「全体の量」「濃度」「塩の量」をまとめます。

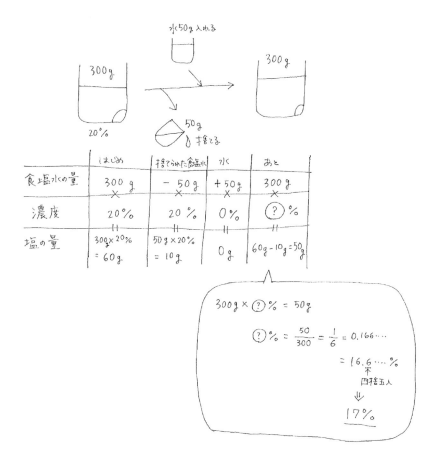

5%の食塩水420gと8%の食塩水180gを混ぜて新しい食塩水をつくりました。この食塩水の濃度は何%ですか。

5%の食塩水420gと8%の食塩水180g

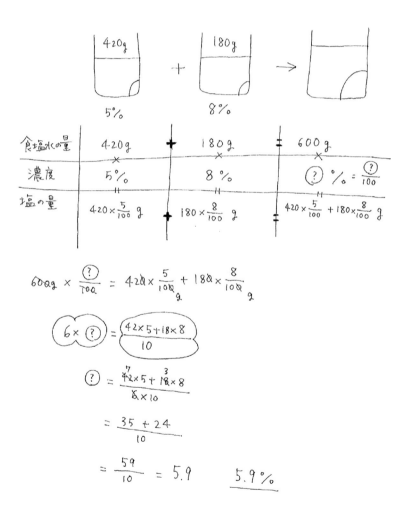

$$600g × \frac{?}{100} = 420 × \frac{5}{100}g + 180 × \frac{8}{100}g$$

$$6 × ? = \frac{42×5+18×8}{10}$$

$$? = \frac{\overset{7}{42}×5+\overset{3}{18}×8}{\underset{8}{}×10}$$

$$= \frac{35+24}{10}$$

$$= \frac{59}{10} = 5.9 \qquad \underline{5.9\%}$$

道のりの問題は線分図と「みはじ」の丸で見える化しよう

　ここでは、道のりの問題をわかりやすく見えるようにしながら解いていきます。

　まずは問題を解いてみましょう。

　リュウくんの家から学校までは 3km あります。リュウくんは家から公園まで分速 60m の速さで歩き、公園から学校までは分速 90m の速さで歩いたところ、家から出発して 40 分後に着きました。家から公園までの道のりは何 km ですか。

　道のりの問題が出てきたら、書くものは 2 つ、線分図とみはじの丸です。

　みはじの丸は、速さの種類ごとに書きます。つまり、今回は分速 60m と分速 90m の 2 種類の速さが出ているのでみはじの丸は 2 つ書きます。

　時間で方程式をつくって、だんご図で考えて解くと答えが出ます。

　方程式の解き方は次の項目で詳しく説明しますので、わからない方はそちらでマスターしてから戻ってくるようにしましょう。

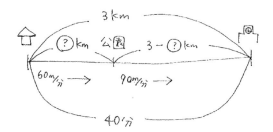

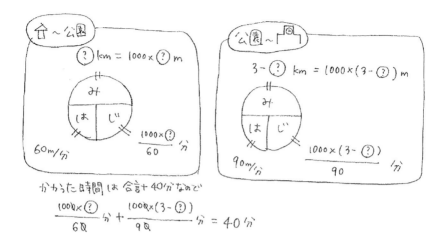

かかった時間は 合計 40分 なので

$$\frac{1000\times ⑦}{60}分 + \frac{1000\times(3-⑦)}{90}分 = 40分$$

両辺に 18 をかけると

$$\overset{3}{\cancel{18}}\times\frac{100\times ⑦}{\cancel{6}} + \overset{2}{\cancel{18}}\times\frac{100\times(3-⑦)}{\cancel{9}} = 40\times18$$

$$300\times ⑦ + 200\times(3-⑦) = 40\times18$$

$$30\times ⑦ + 20\times3 - 20\times ⑦ = 4\times18$$

$$10\times ⑦ = 4\times18 - 20\times3$$

$$= 4\times6\times3 - 20\times3$$

$$= 3\times(24-20)$$

$$= 3\times4$$

$$= 12$$

$$⑦ = \frac{12}{10} = 1.2 \qquad \underline{1.2km}$$

ヒカルちゃんの家から学校までは 1.2km あります。ヒカルちゃんはいつも同じ時刻に家を出て、時速 3km で歩いて、始業時間の 10 分前に学校につきます。

(1) いつもと同じ時間に家を出て、時速 4km で歩くと、始業時間の何分前に学校につきますか。

(2) いつもより 10 分遅く家を出たので、走っていったら始業時間の 8 分前につきました。時速何 km で走りましたか。

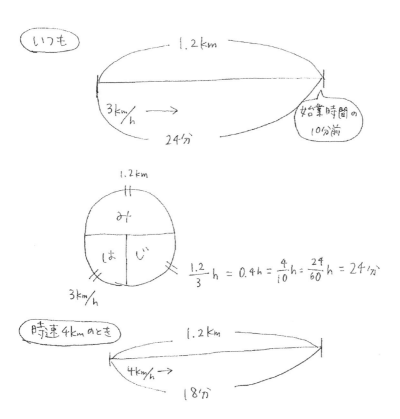

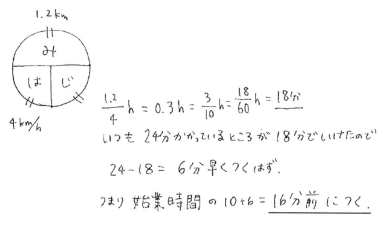

$$\frac{1.2}{4}h = 0.3h = \frac{3}{10}h = \frac{18}{60}h = \underline{18分}$$

いつも 24分 かかっているところが 18分でいけたので

24-18 = 6分 早くつくはず.

つまり 始業時間の 10+6 = <u>16分前</u> につく.

いつもより 10分おそいので 時速が 3km/h のままだと 始業時間ちょうどにつくはず.

それが、始業8分前についているので、8分短縮できたことになる.

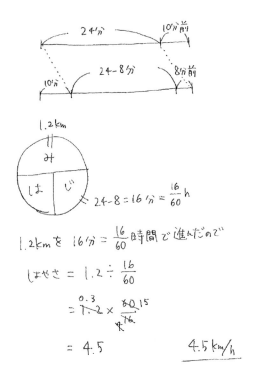

1.2km を 16分 = $\frac{16}{60}$ 時間で 進んだので

はやさ = $1.2 \div \frac{16}{60}$

= $\overset{0.3}{\cancel{1.2}} \times \frac{\overset{15}{\cancel{60}}}{\cancel{16}}$

= 4.5　　　　　<u>4.5 km/h</u>

ミスを減らすにはどうしたらいい？

　よく生徒の親御さんから「うちの子はミスが多くて」というご相談を受けます。

　子どもにミスが多いのは当たり前です。なぜなら、ミスをしてもそんなに困ることがないからです。しいて言うなら自分のテストの点数がちょっと低くなるぐらいです。

　ただ、どんな場合も子どもはミスが多いか、というとそんなことはありません。たとえば、ミスで、車道に出てしまうことはあるでしょうか。ほとんどの人は、車道に出れば車にひかれて死んでしまうかもしれない、とわかっているので車道を渡るときは信号を確認して、さらに左右を見て車が来ないか確認してから渡るはずです。

　勉強と何が違うか、というと「危機感」が違うのです。「間違えたら死んでしまう」という危機感があれば、人は慎重になり確認をします。極端なことを言えば、「計算ミスしたら死んでしまう」という環境であれば、今よりももっと慎重に確認して、絶対に間違えのないように自ら対策を考えるはずです。ですから子どもも、「ミスをしたくない、絶対に正解してやる！」という意識があればきっと変わります。

　とはいえ、叱られたからといって危機感が増すわけではありませんし、やはり受験やテストは差し迫っていない状況で危機感を持つことは難しいと思います。

　自分で「ミスをしたらやばい！」と思えれば誰に言われなくても見直しを

するようになるとは思うのですが、そこまで危機感がなくても、ミスの原因をなくせば自然とミスは減らせるので、すぐにできるミスの解消方法を紹介します。

　ミスは先に述べたように、確認（見直し）をしないことによって起こります。ですので、見直しを忘れずに、なおかつ見直ししやすいようにノートに証拠を残しておくことが重要です。

> ・　見直しは次の行に進む前にする
> ・　ノートは、1ページの半分に問題を解き、もう半分は計算スペース、ポイントを書くスペースとして使う。そして、計算スペースには上から計算を順に書く。あちこちに計算を書かない
> ・　文字を大きく書く
> ・　分数は2行使って書く

　これは一例で、ミスしてしまう原因は人それぞれ違います。
　ぜひお子さんのノートを見て、指摘するのではなく、「どうしたら間違いが減るかな？　どうしたらいいと思う？」と聞き、具体的な解決方法を決めて、それを毎回見てから勉強を始めるようにすると、ミスは減らせます。

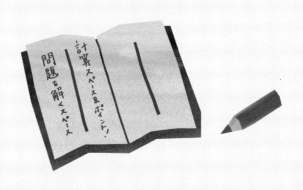

読み取った情報を表にまとめよう

> ある小学校の5年生は4年生よりも20%多く1080人います。6年生は5年生よりも10%少ないそうです。6年生の人数は4年生よりも何人多いでしょうか。

情報を表にまとめると…

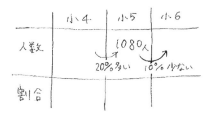

ここで注意しなければならないのが 以下の言葉です。

「4年生よりも 20% 多い」⇒「4年生をもとにしたとき 20% 多い」

「5年生よりも 10% 少ない」⇒「5年生をもとにしたとき 10% 少ない」

もとになる数が 2つあるので表は こうなります。

	小4	小5	小6
人数		1080人	
割合①	100%	120%	
割合②	×$\frac{100}{120}$	100%	90%

×$\frac{90}{100}$

なので、小4の人数は $1080人 \times \dfrac{100}{120} = 1080 \times \dfrac{100}{120} = 900人$

小6の人数は $1080人 \times \dfrac{90}{100} = 1080 \times \dfrac{90}{100} = 972人$

よって 6年生は 4年生よりも $972 - 900 = \underline{72人}$ 多い とわかります。

　リュウくんとハルくんの持っているグミの比は 4:3 でしたが、リュウくんがハルくんに 20 個のグミをあげたので 2 人のグミの個数の比は 1:2 になりました。

　はじめにリュウくん、ハルくんが持っていたグミはそれぞれ何個でしょうか。

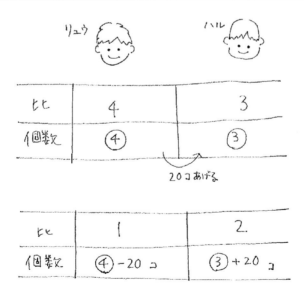

はじめの個数を それぞれ ④, ③ とします.

20コ、リュウくんから ハルくんに あげたら 比が 1:2 になったので

$$④ - 20 : ③ + 20 = 1 : 2.$$

$$③ + 20 = 2 × (④ - 20)$$
$$= ⑧ - 40$$

左右 ひっくり返すと

$$⑧ - 40 = ③ + 20$$

こっちに　　　こっちに
移動　　　　　移動

$$⑧ - ③ = 20 + 40$$

$$÷5 \left(\begin{array}{l} ⑤ = 60 \\ ① = 12 \end{array} \right) ÷5$$

なので はじめの グミの個数は　リュウくん → ④ = 12 × 4 = <u>48こ</u>

ハルくん → ③ = 12 × 3 = <u>36こ</u>

❸ 方程式（□を使った式）

　小学校では「方程式」という言葉は出てきません。この、「方程式」を使わなくて済むように「つるかめ算」「ニュートン算」などの特殊算を小学校では習います。中学受験をするためにはこれらの特殊算をマスターしないといけないのですが、中学受験をしない場合には特殊算をマスターする必要はありません。中学受験をしない場合には早めに方程式の考え方に触れ、慣れておいた方が中学、高校に上がったときに役に立ちますし、応用が利くので算数が楽しくなると思いますよ。

方程式ってなに？

　では、「方程式」って何なんでしょう？
　漢字3文字で何やら難しそうですが、恐れることはありません。
　方程式とは「＝」が入った式のことです。
　「＝」とは、＝の左と右が等しいことを表す記号です。
　日本語で言うと、「○は△です。」といったときの「は」に当たります。
　なので、もちろん日本語の文の多くは方程式に書き換えることができます。

　私の名前は中村希です。
　という文を方程式にすると
　私の名前＝中村希
　になりますね。

私の名前は中村　希です。

私の名前　＝　中村　希

では、文を方程式にする練習をしてみましょう。

難しく考えることはありません。「は」を「＝」に置き換えるだけですよ。

今年もらったお年玉は 10000 円でした。

リュウくんは 5 歳です。

リュウくんとハルくんの年齢を合わせると 8 歳です。

お父さんとリュウくんの年齢の差は 30 歳です。

タピオカジュースの金額はグミ 7 つ分と同じです。

9 時の 15 分前はリュウくんが幼稚園に出発する時間です。

今年もらったお年玉は 10000 円でした。

今年もらったお年玉＝ 10000 円

今年もらったお年玉は 10000円でした。

今年もらったお年玉　＝　10000 円

リュウくんは 5 歳です。

リュウくん（の年齢）＝ 5 歳

リュウくんは 5歳です。

リュウくん
の年齢　＝　5歳

リュウくんとハルくんの年齢を合わせると 8 歳です。

リュウくん（の年齢）＋ハルくん（の年齢）＝ 8 歳

お父さんとリュウくんの年齢の差は 30 歳です。

お父さん（の年齢）－リュウくん（の年齢）＝ 30 歳

タピオカジュースの金額はグミ 7 つ分と同じです。

タピオカジュース（の金額）＝グミ× 7 つ（の金額）

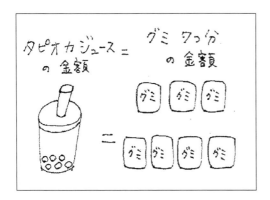

9 時の 15 分前はリュウくんが幼稚園に出発する時間です。

9 時の 15 分前＝リュウくんが幼稚園に出発する時間

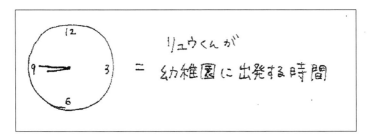

　（　）の中は書いても書かなくても良いのですが、理解しておくことは重要です。

　実際には、当然ですがタピオカジュースとグミ 7 つ分は同じものではありませんね。

　「金額」という観点で言うと同じ、ということです。

　たとえば個数でいうと、タピオカジュースは 1 杯、グミは 7 つなので「＝」の関係ではありませんね。

　どの観点で、言い換えるとどの単位で同じなのか、は意識しておきましょう。

　ここまでで、まずは文を方程式にしてみる、ということをやってみました。

　ここからは x をどう使うのか、なぜ使うのかのお話をします。

　先ほど

　リュウくん（の年齢）＝ 5 歳

　リュウくん（の年齢）＋ハルくん（の年齢）＝ 8 歳

という方程式が出てきましたね。

　今、ハルくん（の年齢）は直接にはわかりません。

　ただ、リュウくん（の年齢）＝ 5 歳とわかっているので

　5 歳＋ハルくんの年齢＝ 8 歳

　ハルくんの年齢＝ 8 歳－ 5 歳＝ 3 歳

とわかります。

　ただ、見ている分には関係ありませんが、毎回「ハルくんの年齢」と書くのは少し面倒なんです。そこで、毎回言葉を書かなくて済むように「ハルくんの年齢」を□としてみましょう。

　そうすると

　5 歳＋□＝ 8 歳

　□＝ 8 歳－ 5 歳＝ 3 歳

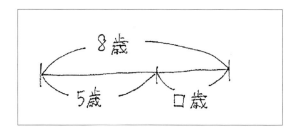

となり、だいぶ書くのが楽になります。これが□で置き換える理由です。

　□は、小学6年生になると「x（エックス）」という記号になりますね。

　ちなみに、なぜ「x」を使うのでしょうね？　別に「a」でもいいじゃないか！　と思いませんか？

　そう、「a」でも「　」でもいいんです。なんなら「♥」でもなんだっていいんですよ。ただ、数学では方程式というと「x」を使うことが多いです。

　「x」は、アラビア語で「わからないもの」という意味の"shayun"という言葉をスペインの学者たちが発音しようとしたときに sh が x に置き換えられたのがきっかけで、数学に使われるようになったそうです。

　今度はこの「x」を方程式の中で使ってみましょう。

　リュウくんの体重はハルくんの体重よりも4kg重いです。二人の体重を合わせると32kgです。リュウくん、ハルくんの体重はそれぞれ何kgでしょうか。

　まず、文を方程式にすると、

　リュウくんの体重＝ハルくんの体重＋4kg

　リュウくんの体重＋ハルくんの体重＝32kg

となりますね。

ハルくんの体重を x とすると

リュウくんの体重＝ $x + 4$ なので

$x + 4 + x = 32$

という方程式になります。

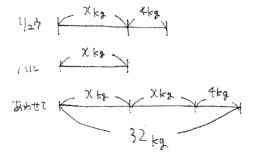

> お皿の上にクッキーが4枚あります。それは、もともとあった分の5分の2に当たります。もともと何枚のクッキーがあったでしょうか。

お皿の上のクッキー4枚＝もともとあった分 $\times \dfrac{2}{5}$

もともとあったクッキーの枚数を x 枚とすると

$$4 = x \times \dfrac{2}{5}$$

になりますね。

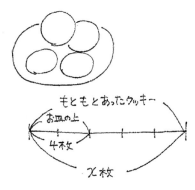

こんな風にしてわからないもの、求めたいものを x にして、状況を式にできれば方程式の完成です。

方程式がつくれたら、方程式を解きます。「方程式を解く」とは、求めたいもの（x）に入る数字が何かを明らかにすることです。

方程式をつくって解くだけで、求めたい数値が求められるなんて、とっても便利ですね。

コラム

スピードについて

　親御さんの相談で、うちの子はスピードが遅いということもよく聞きます。
　スピードについては2種類あるので分けてお話します。「速さ」と「早さ」です。

「速さ」について

　親御さんからされるのは圧倒的にこちらについてなのですが、今の時点で遅くてもそんなに気にすることはありません。なぜならいくらでも速くできるからです。

　起きて10分後に家を出ないといけないときと起きて2時間後に家を出るときで、動くスピードは同じでしょうか。

　10分後に家を出るときは、頭の中も体もすごいスピードで動かしていると思います。ただ、2時間後に家を出るときと、やっていることが大きく違うでしょうか？　10分で出る場合、余計なことはしている余裕はないと思いますが、出発するために必要なことはしっかりやって出るのではないでしょうか。

　勉強も同じです。テストなどで制限時間があって、なんとかやりきりたいと思う場合は自然と速くなりますね。また、宿題を終わらせて早く遊びたい！　という子はきっと驚くほどのスピードで宿題を終わらせるでしょう。しかし何の時間制限もなくあと3時間自由に時間をつかえる場合、あせってやる人は多くないと思います。

つまりスピードというのは、どんな状況に自分を置くかで変わるのです。そしてスピードを速くするということに関しては訓練も必要ありませんし時間もかかりません。先の例でも、10分で出るための練習をコツコツ積み重ねていたからできたわけではありませんよね。

大事なことは「いつまでに」「何を」やるのかを決めてから勉強し始める、ということです。

もちろん時間が無限につかえれば、勉強に何時間つかったって構わないのですが、時間は限られていますし、その貴重な時間を勉強だけにつかいたくないですよね。ですので、どんなときでも、「いつまでに」「何をやるか」を意識する、具体的にはタイマーで時間を計ってやるだけで、疲れますが勉強でも家事でも何でも速くできるようになります。ちなみに、そのときの時間設定は、はじめは易しくして、クリアできる範囲でやりましょう。できるようになってきたらどんどん速くして、はじめの半分の時間でやることを目指しましょう。

タイマーをつかうだけでも勉強のスピード、たとえば宿題を進めるスピードは速くなりますが、その速さをもっと磨きたい場合にオススメしたいトレーニングがあります。

それは、毎日百ます計算を解くことです。

百ます計算はプリントを目の前にしたとき、やることが明確です。目の前の単純作業を凄まじいスピード感でやる。そうすると目の前のことをやるスピード感を上げることができます。ぜひ百ます計算を毎日やってみてください。同じ問題で全く構いません。

「それだけのことを考える、没頭する」感覚がつかめたら、「勉強とはこの感覚でやるものだ」という意識で勉強するようにしましょう。そうすればあなたの集中力は誰にも負けないものになりますし、きっと、勉強って楽しいー！ と思えるようになっているはずです。

「早さ」について

こちらもあせらなくていいと思います。

人の成長時期には個人差があります。生後7ヶ月で歩く子もいますし、寝返りしかしない子もいます。また、2歳で文字が読める子もいれば、5歳でまだ読めない子もいます。早いからよい、遅いから悪い、というものでは決してなく、その子が偶然早いか、遅いか、でしかありません。勉強も同様に、同じことを理解するのでも、この子は十分理解できるけど、あの子にはまだ早い、ということがあるのです。ただ、学校という制度上、同じ学年の子どもには同じことを一斉に教えてしまったほうが効率がよいので、決められたペースで学ぶことになってしまいます。

本来であれば、早く進みたい子は早く進めばよく、ゆっくり進みたい子はゆっくり進めばよいのです。

ただ、親のほうの準備は早いほうが良いです。子どもに余裕を持って進ませてあげるためにも、子どもに行かせる可能性のある幼稚園、小学校、中学校、高校、大学については早めに調べておき、何を選択肢として提示できるかは、早めに決めておくことをオススメします。

その上で、中学受験をするのであれば、小学校の勉強は早めに進めておいたほうがいいですし、受験しない場合でも、本人の希望さえあれば早めに進めて困ることは何一つないので、先取りしておいてもいいと思います。

ただ、小学生のうちに先取りをしないといけない、ということでは全くありません。勉強なんて、2年間頑張れば大学なんてどこにでも行けます。小学生・中学生のうちは、友達と遊んで人間関係を構築することを学ぶこと、体力をつけることのほうが、勉強においても人生においても大事なことなので、そこをおろそかにしない範囲で、勉強をやりたければやっていったらよいと思います。

だんご図で理解しよう、方程式のハナシ

では次は、方程式が解けるようになるトレーニングをしていきます。
ここで活躍するのが先章でお話した「だんご図」です。

お団子ちゃん

ポイント！

・＋または－でつながっただんごは「＝」を飛び越えるときに、＋がついているだんご（何もついていないだんご）は＋が－に、－がついているだんごは－が＋に変化します。
・×のあとのだんごは、＝を飛び越えるときに分数の下にくっつく。
・÷のあとのだんごは、まずは下にいく。＝を飛び越えるときは分数の上にくっつく。

　といっても説明するよりも一緒に解きながらのほうがどういうことか理解できるので、一緒に解いてみましょう。

❶　$x + 5 = 7$

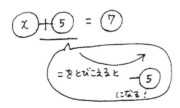

$$x = 7 - 5 = 2$$

❷ $8 - x = 6$

$(8) - (x) = (6)$

$(8) \quad = (6) + (x)$

> ＝をとびこえると
> ― → ＋ になる

全体をひっくり返して ↰

$(6) + (x) = (8)$

> (6) は ＋(6) と同じなので
> ＝をとびこえると ―(6) になる

$+(x) \quad = (8) - (6)$

$x \quad = \quad 2$

❸　$2 \times x = 120$

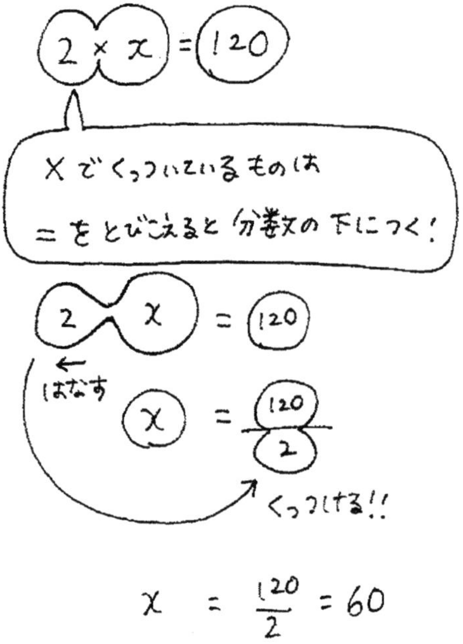

x でくっついているものは
= をとびこえると 分数の 下につく！

はなす

くっつける!!

$$\chi \;=\; \frac{120}{2} = 60$$

❹　$3 \times x + 120 = 5 \times x - 240$

$$(3 \times x) + (120) = (5 \times x) - (240)$$

このまま $(5 \times x)$ を 左に もってくると

$(3 \times x) - (5 \times x)$ に なってしまうので、

全体を ひっくり返します。 ↩

$$(5 \times x) - (240) = (3 \times x) + (120)$$

x が ついている だんごを 左に
数字だけの だんごを 右に もっていきます。

$$(5 \times x) - (3 \times x) = (120) + (240)$$

$(3 \times x)$ は $-(3 \times x)$ に　　$-(240)$ は $+(240)$ に

x が 5こ ある ところから
3こ ひくので
x は 2こ に なる.

$$(2 \times x) = (360)$$

$$(x) = \dfrac{(360)}{(2)} = 180$$

143

❺ $60 - x \times 9 = 6$

$(60) - (x \times 9) = (6)$

↑コレ

x がついているだんごに $-$ がついているので

右にもっていきます。

$(60) \qquad = (6) + (x \times 9)$

全体を ひっくり返します。

$(6) + (x \times 9) = (60)$

$(x \times 9) = (60) - (6) = (54)$

$x = \dfrac{(54)}{(9)}$

$\qquad = \quad 6$

❻　$12 \times (x + 2) = 60$

$$\boxed{12 \times (x + 2)} = \boxed{60}$$

x だけを 左に のこしたいので、

まずは ⑫ を ＝の 右に うつします。

$$x + 2 = \frac{60}{12}$$

（吹き出し）x で くっついてたので 分数の下に うつる。

$$= 5$$

$$Ⓧ + ② = 5$$

$$x = 5 - 2$$

$$= 3$$

❼　$9 \div x + 1 = 19$

$$\boxed{9 \div x} + \boxed{1} = \boxed{19}$$

÷も ×同様 くっついている だんごを イメージします。
が、$\boxed{a \div b}$ は すぐに $\boxed{\dfrac{a}{b}}$ に 変えます。

$$\boxed{\dfrac{9}{x}} + \boxed{1} = \boxed{19}$$

うつす.

$$\boxed{\dfrac{9}{x}} = \boxed{18}$$

下のだんごは ＝ をとびこえると 分数の上につきます。

$$\boxed{\dfrac{9}{x}} = \boxed{18} \quad くっつく！$$

はなれて

$$\boxed{9} = \boxed{18 \times x}$$

$$\boxed{18 \times x} = \boxed{9}$$

$$\boxed{x} = \boxed{\dfrac{9}{18}}$$

$$x = \dfrac{9}{18} = \dfrac{1}{2}$$

❽ $(x + 8) \times 2 = 6 \times (x - 2)$

$(x + 8) \times 2 = 6 \times (x - 2)$

$\boxed{(x+8) \times 2} = \boxed{6 \times (x-2)}$

下にくっつける

$x + 8 = \dfrac{\overset{3}{\cancel{6}} \times (x-2)}{2}$

約分する

$x + 8 = \boxed{3 \times (x-2)}$

このままだと何もできないので
カッコをはずす.

$\boxed{x} + \boxed{8} = \boxed{3 \times x} - \boxed{3 \times 2}$

こっちに
もっていく   これもっていく.

$\boxed{8} + \boxed{3 \times 2} = \boxed{3 \times x} - \boxed{x}$

$8 + 6 = 2 \times x$ 左右ひっくり返す.

$\boxed{2 \times x} = \boxed{14}$

$x = \dfrac{\boxed{14}}{\boxed{2}} = 7$

❾　$5 - 45 \div (x - 4) = 0$

⑤－ $\boxed{45 \div \boxed{(x-4)}}$ $= 0$

÷ はすぐ 分数の形にする

⑤ － $\dfrac{45}{x-4}$ $= 0$

－ がついているのがイヤなのでうつす

⑤ $= \dfrac{45}{x-4}$

上に
もっていく

⑤ $× x-4$ $= 45$

下にくっつける

$x － 4 = \dfrac{\overset{9}{\cancel{45}}}{\cancel{5}} = 9$

うつす

$x = 9 + 4$

$= 13$

❿ $10000 - 2400 \div (3 \times x + 2) = 9700$

いったん だんご図 にします.

$$(10000) - (2400 \div ((3 \times x) + (2))) = (9700)$$

両辺 100で わります.（00 を消します.）

$$(100\cancel{00}) - (24\cancel{00} \div ((3 \times x) + (2))) = (97\cancel{00})$$

$$100 \quad - \quad \frac{24}{3 \times x + 2} \quad = \quad 97$$

うつす

ー がついているので うつす.

$$100 - 97 \quad = \quad \frac{24}{3 \times x + 2}$$

$$\overset{1}{\cancel{3}} \quad = \quad \frac{\overset{8}{\cancel{24}}}{3 \times x + 2} \qquad 約分します.$$

上に
うつす

$$1 = \frac{8}{3 \times x + 2}$$

149

$$(3 \times x) + (2) = (8)$$

うつす

$$(3 \times x) = (8) - (2)$$
$$= 6$$

$$x = \frac{\cancel{6}^{2}}{\cancel{3}_{1}} = 2$$

---

❶　$0.4 \times x + 2.5 = 4.9$

全ての数字が小数で めんどうなので
両辺を 10倍する。

$$(4 \times x) + (25) = (49)$$

うつす

$$(4 \times x) = (49) - (25)$$
$$= (24)$$

$$x = \frac{\cancel{24}^{6}}{\cancel{4}_{1}} = 6$$

⓬　$x \div 3.5 - 4.5 = 3.3$

$x \div 3.5 - 4.5 = 3.3$

$\dfrac{x}{3.5} = 3.3 + 4.5 = 7.8$

$x = 7.8 \times 3.5$

↓分解

$= 3.9 \times 2 \times 3.5$

$= 3.9 \times 2 \times 3.5$

$= 3.9 \times 7$

$= 27.3$

151

⑬　$\dfrac{5}{8} - x \times \dfrac{1}{4} = \dfrac{1}{16}$

全部が分数になっていて めんどうなので

×16します.

$\left(\dfrac{5}{8}\right) \overset{2}{\times 16} - \left(x \times \dfrac{1}{4}\right) \overset{4}{\times 16} = \left(\dfrac{1}{16}\right) \overset{1}{\times 16}$

$(10) - (4 \times x) = (1)$

$(10) - (1) = (4 \times x)$

ひっくり返します

$(4 \times x) = (9)$

$x = \dfrac{9}{4}$

⓮ $\dfrac{2}{3} + \dfrac{3}{5} \times \left(x + \dfrac{1}{3}\right) = 1\dfrac{1}{3}$

帯分数は仮分数にします.

$\boxed{\dfrac{2}{3}} + \boxed{\dfrac{3}{5} \times \left(x + \dfrac{1}{3}\right)} = \boxed{\dfrac{4}{3}}$

うつす.

$\boxed{\dfrac{3}{5} \times \left(x + \dfrac{1}{3}\right)} = \dfrac{4}{3} - \dfrac{2}{3} = \boxed{\dfrac{2}{3}}$

これをうつすときは　分数の 上 は 下　にいく.
　　　　　　　　　　　　　　下 は 上

つまり 上下ひっくり返ります.

$\boxed{x} + \boxed{\dfrac{1}{3}} = \boxed{\dfrac{2}{3} \times \dfrac{5}{3}}$

うつす

$x = \dfrac{10}{9} - \dfrac{1}{3} = \dfrac{10}{9} - \dfrac{3}{9} = \dfrac{7}{9}$

153

⓯　$24 \times x + 26 \times x = 157$

$(24 \times x) + (26 \times x) = (157)$

そのままたす.

$(50 \times x) = (157)$

うつす.

$x = \dfrac{157}{50} = 3\dfrac{7}{50}$

⓰　$14 : 24 = 35 : x$

$14 : 24 = 35 : x$

比は 中×中 ＝ 外×外　　①:②＝③:④

②×③＝①×④

①×④＝②×③　　←同じ.

となるので

$(14 \times x) = (24 \times 35)$

$x = \dfrac{\overset{12}{24 \times 35}^{5}}{\underset{1}{14}}$

24×35 をやっちゃダメ!
約分します!!

$= 12 \times 5 = 60$

154

　さて、もう一度同じ問題を載せますね。今度は自分の力でやってみましょう。

　これができるようになれば、方程式さえ立てることができれば正解にたどりつくことができますよ！

❶　$x + 5 = 7$

❷　$8 - x = 6$

❸　$2 \times x = 120$

❹　$3 \times x + 120 = 5 \times x - 240$

❺　$60 - x \times 9 = 6$

❻　$12 \times (x + 2) = 60$

❼　$9 \div x + 1 = 19$

❽　$(x + 8) \times 2 = 6 \times (x - 2)$

❾　$5 - 45 \div (x - 4) = 0$

❿　$10000 - 2400 \div (3 \times x + 2) = 9700$

⓫　$0.4 \times x + 2.5 = 4.9$

⓬　$x \div 3.5 - 4.5 = 3.3$

⓭　$\dfrac{5}{8} - x \times \dfrac{1}{4} = \dfrac{1}{16}$

⓮　$\dfrac{2}{3} + \dfrac{3}{5} \times (x + \dfrac{1}{3}) = 1\dfrac{1}{3}$

⓯　$24 \times x + 26 \times x = 157$

⓰　$14 : 24 = 35 : x$

コラム

普段からたくさん字や絵を書こう

算数、勉強に限らず、自分で字や絵を自由に書けることはとっても強い武器になります。

人は普段、意識しきれないほどにたくさんのことを高速で考え、そして忘れています。

いや、私はぼーっとしてるからそんなことない、と思う人であってもです。

どんな人でも実はたくさんのことを考えているのですが、頭の中にあるだけでは右から左へ流れるだけで、そんなことを考えたことすら意識しないうちに忘れていってしまうのです。

すべてのことを覚えていようとしても無理ですし、必要もないのですが、その頭の中にあることの一部を忘れないようにすることは可能です。書き留めておけばよいのです。

ひとたび紙に書けば、それを見返せば忘れないようにすることができますし、それを元にさらに考えを深めることができます。それを見せれば、自分の考えを人に伝えることもできます。

また、書こうとしたときに改めて自分の考えが何なのか、物事をどうまとめたらよいのか、を考えるので、自分の考えていること、まとめたいことの全体像を理解して俯瞰し、整理する力が自然とつきます。

逆に、自分で字や絵を書くことになれていない子は、勉強するときにもだいぶ苦戦します。

まず、書きなれていない子は字が汚いです。汚いだけなら問題ないのです

が、自分でも読めない字しか書けないと、思考が深まるどころか、簡単な計算ですらミスをしてしまいます。

　また、書きなれていない子は、考えるための手段として「書く」ということがまったくできません。ノートや紙に書く、といっても何をどう書けばいいのかまったくわからず、書き始めることができずにかたまってしまうのです。

　そうならないためにも、普段から子どもが自由に書ける環境を整えておくことをおススメします。
　具体的には、

・子どもがとれるところに紙をたくさん置いておく

　紙はA4、A3、模造紙、ノート、いろいろな種類があるのが理想的です。紙が大きければ大きいほど思考は自由に広がりますが、毎回模造紙ですとお金もかかりますし収拾がつかないのでA3がおススメです。

・お気に入りのノート、手帳を買ってあげる

　お気に入りのノートや文房具があるだけでも書くことへの意欲は湧いてきますよね。それと、子どもが自分でしか見られない、鍵つきの手帳なんかもいいかもしれません。

・紙を広げて書けるスペースを用意しておく

　机も狭いよりも大きいほうが自由につかえます。A3サイズをたてにおけるくらいには奥行きがあったほうがよいでしょう。また、その机を常につかえるようにしておく、ということも大切です。

　そして、生活の中で何かを書くということを日常的に取り入れられるとさらに書くことが自由にできるようになります。
　具体的には

> ・　一日のタイムスケジュール
> ・　一年の目標
> ・　子どもの家事の役割分担表
> ・　日記

　１日５分でもいいので、毎日の習慣になると書くことが考えるためのツールになりますよ。

3章

実践編

実践編〜いろいろな文章題を絵、図、方程式を使って解いてみよう〜

　ここからは、いろいろな文章題を、絵、図、表で見えるようにして、だんご図、方程式の考え方を駆使しながら解いていきましょう。

　これらの問題が自分の力で解ければ、中学受験に出てくる文章題も、中学1〜2年生で出てくる方程式の分野もばっちりです！

　以下の順で、中学受験、中学の方程式の分野でよく出てくる問題を取り上げてみました。が、何算なのかは気にせずに、絵、図、方程式を使って解いてみましょう。

1. 割合	10. 通過算
2. 比	11. 時計算
3. 相当算	12. 和差算
4. 仕事算	13. 平均算
5. 食塩水	14. つるかめ算
6. 売買の問題	15. 過不足算
7. 倍数算	16. 差集め算
8. 比例反比例	17. 消去算
9. 流水算	

1. ケンくんは 1 冊の漫画を買ってもらいました。
   1 日目に全体の $\frac{3}{8}$ を読みました。2 日目に残りの $\frac{3}{4}$ を読んだところ、残り 15 ページになりました。漫画は全部で何ページありますか。

2. マコちゃんとレンくんとルナちゃんの 3 人が合わせて 1700 円のおこづかいをもらいました。マコちゃんとレンくんがもらった金額の比は 7：4 で、レンくんはルナちゃんより 20％多くもらいました。ルナちゃんはいくらもらったでしょうか。

3. 小学校のクラスで一番好きなフルーツのアンケートをとりました。メロンを選んだ生徒は全体の $\frac{1}{4}$ より 2 人多く、イチゴを選んだ生徒は全体の $\frac{2}{5}$ より 3 人少なく、それ以外を選んだ生徒は 15 人いました。このクラス全体の生徒数は何人でしょうか。

4. クリスマス会のためにプレゼントを手作りすることになりました。8 人ですると 9 日間で終わるそうです。この仕事を 3 日間で終わらせたい場合、何人でやればよいでしょうか。

5. ビーカー A に 4％の食塩水が 300 g あります。これとビーカー B の 16％の食塩水を何 g かビーカー C に入れると 6％の食塩水になりました。ビーカー B の食塩水を何 g 入れたでしょうか。

6. お祭りでジュース屋さんをやることになりました。
   300 杯分の材料を仕入れ、30％利益がでるように定価をつけました。定価で何杯か売れましたが売れ残ってしまったので、残りを定価の 2 割引きの 520 円で全部売りました。その結果、19000 円の利益がでました。
   さて、定価で売ったジュースは何杯でしょうか。

7. リュウくん、ハルくん、ミイちゃんの所持金の比は 4：3：2 です。
   リュウくんとハルくんは 300 円ずつ出し合ってミイちゃんにあげたので、リュウくんとハルくんの所持金の合計額とミイちゃんの所持金は同じ金額になりました。
   はじめにリュウくんとハルくんはそれぞれいくら持っていたでしょうか。

8. 歯車 1 号と歯車 2 号と歯車 3 号がかみ合って回転しています。歯車 1 号は 15 回転すると 2 号は 8 回転します。また、2 号と 3 号の歯数の比は 3：1 でした。今、歯車 3 号を 10 回転させたいとすると、歯車 1 号を何回転させればよいでしょうか。

9. ある川でボールを落としてしまいました。その川の落としたところから 500 m 下流のところまで船で下ると 3 分かかり、同じ船で上ると 5 分かかります。ボールを落としたところから 100 m 下流まで流れるのに何秒かかるでしょうか。

10. 長さ 200m の電車が時速 200km で走り、長さ 400m の電車が時速 300km で走っています。2 つの電車が向かい合って走るとき、すれ違い始めてから離れるまでに何秒かかりますか。

11. 8 時と 9 時の間で時計の長針と短針が重なるのは何時何分何秒でしょうか。

12. 2 つの整数があり、その和は 32 です。大きい数と小さい数の差が 10 のとき、2 つの整数はなんでしょうか。

13. ある学年でテストをしたところ、30 人いる A 組の平均は 81 点、B 組の平均点は 92 点、A 組と B 組を合わせた平均点は 86 点でした。B 組は何人いますか。

14. 1本60円のえんぴつと1本90円のペンを合わせて20本買ったところ、代金の合計は1350円でした。それぞれ何本買ったでしょうか。

15. クラス内でグループ分けをします。1グループ7人だと最後の1グループが4人になります。1グループ8人だと最後のグループが2人になり、7人グループをつくるときよりもグループは1つ減ります。クラスは全員で何人いるでしょうか。

16. ヒナちゃんは学校へ行くのに毎朝同じ時間に家を出ます。
家から学校までいつもは分速40mで行きますが、今日は出発が5分遅れてしまったため分速60mで歩いたところ、いつもよりも2分早く着くことができました。家から学校までの道のりは何mあるでしょうか。

17. あんぱん3つとクリームパンを5つ買うと920円、あんぱん1つとクリームパン7つを買うと840円です。あんぱんとクリームパンは1つあたりそれぞれいくらでしょうか。

それでは具体的な解き方に入っていきます。
解くために大事なことは

・問題の内容を絵、図にして見えるようにする
・答えが一気に出せる式を考えてから計算する

ことです。
方程式 (□や x を使った＝の入った式) をつかわなくても解ける問題は、方程式をつかわずに解いていきましょう。

1. 　ケンくんは1冊の漫画を買ってもらいました。

　　1日目に全体の$\frac{3}{8}$を読みました。2日目に残りの$\frac{3}{4}$を読んだところ、残り15ページになりました。漫画は全部で何ページありますか。

　まずはこの問題文の条件を、もらすことなく図にしていきます。割合が出てきたら迷わず線分図を描きましょう。

　このようになりますね。

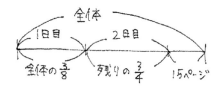

　ただ、この図だと少し理解しづらいです。

　なぜか？ それは、割合の「もと」が1日目と2日目で変わるからです。

　1日目には「全体」をもとにしていますが、2日目は「残り」をもとにしていますね。

　図にするとこんなかんじでしょうか。

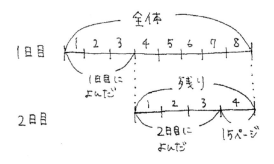

　図にできてしまえばカンタンですね。これは方程式をつかわなくてもできます。

　先ほどの図を逆から考えてみましょう。

　2日目の残りが15ページなので、1日目の残りはそれの4倍の60ページであることがわかります。

　60ページが、全体の$\frac{5}{8}$に当たるので、$\frac{1}{8}$は12ページ。それが8つ分で、全体は12 × 8 = 96ページだとわかりますね。

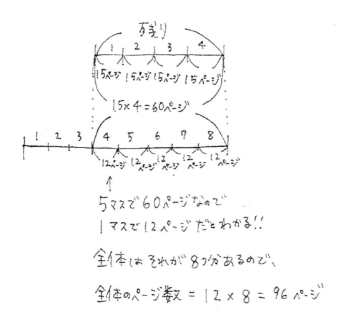

　方程式でやる場合は、求めたい数、つまりこの問題だと漫画全体のページ数をxとして以下のようになります。

　分数なので、分母を消してから方程式を解いていきます。

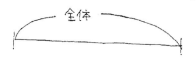

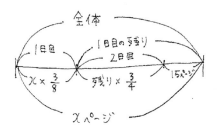

$$\underbrace{\chi}_{全体} - \underbrace{\chi \times \frac{3}{8}}_{1日目} - \underbrace{\left(\chi - \chi \times \frac{3}{8}\right) \times \frac{3}{4}}_{\underbrace{残り}_{2日目}} = 15$$

だんご図にすると

$$\boxed{\chi} - \boxed{\chi \times \frac{3}{8}} - \boxed{\left(\chi - \chi \times \frac{3}{8}\right) \times \frac{3}{4}} = \boxed{15}$$

まずは おだんごを 小さくしましょう。

$$\boxed{\chi} - \boxed{\chi \times \frac{3}{8}} - \boxed{\chi \times \frac{5}{8} \times \frac{3}{4}} = \boxed{15}$$

分数はめんどうなので 両辺に ×8×4 をします。

$x \times 8 \times 4 - \left(x \times \frac{3}{8}\right) \times 8 \times 4 - \left(x \times \frac{5}{8} \times \frac{3}{4}\right) \times 8 \times 4 = 15 \times 8 \times 4$

$32 \times x - 12 \times x - 15 \times x \qquad = 15 \times 8 \times 4$

$(32 - 12 - 15) \times x \qquad\qquad = 15 \times 8 \times 4$

$5 \times x \qquad\qquad\qquad = 15 \times 8 \times 4$

$$x = \frac{\overset{3}{15} \times 8 \times 4}{\underset{1}{5}}$$

$$= 96$$

A. 96ページ

　ややこしいかもしれませんが、これができれば中学の方程式は何もこわくありませんよ！

　では次に行きましょう。

2.　マコちゃんとレンくんとルナちゃんの 3 人が合わせて 1700 円のお
　　こづかいをもらいました。マコちゃんとレンくんがもらった金額の
　　比は 7 : 4 で、レンくんはルナちゃんより 20％多くもらいました。
　　ルナちゃんはいくらもらったでしょうか。

まずは一旦絵にします。

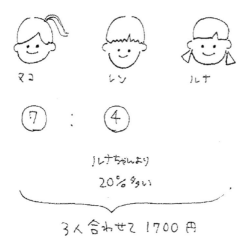

これだと数値がイメージしにくいので図にしてみましょう。

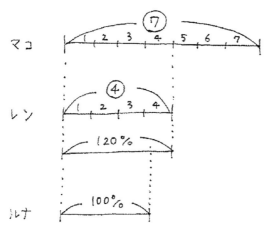

　ここで、今求めたい数値は「ルナちゃんがもらった金額」なので、それを x とします。

　すると、レンくんはルナちゃんより 20% 多いので、

レンくん＝ $x \times 1.2$

マコちゃんはレンくんを 4 で割って 7 倍すれば良いので、

マコちゃん＝ $x \times 1.2 \div 4 \times 7$

とわかります。

　合計が 1700 円なので、方程式をたてて解くと以下の通りです。

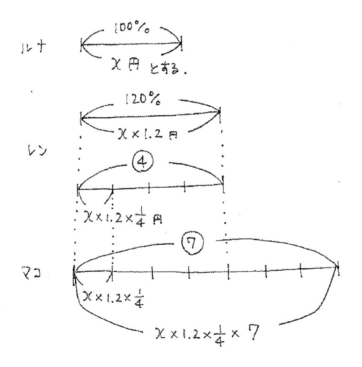

みんなのお金の合計 ＝ 1700　なので

$$\underbrace{x \times 1.2 \times \frac{1}{4} \times 7}_{\text{マコちゃん}} + \underbrace{x \times 1.2 \times \frac{1}{4}}_{\text{レンくん}} + \underbrace{x}_{\text{ルナちゃん}} = 1700$$

$$x \times \overset{0.3}{\cancel{1.2}} \times \frac{1}{\cancel{4}} \times 7 + x \times \overset{0.3}{\cancel{1.2}} \times \frac{1}{\cancel{4}} + x = 1700$$

$$x \times 2.1 + x \times 0.3 + x = 1700$$

$$x \times (2.1 + 0.3 + 1) = 1700$$

$$x \times 3.4 = 1700$$

$$x = \frac{1700}{3.4}$$

$$= \frac{\overset{1}{\cancel{17}000}}{\cancel{3.4}\,2}$$

$$= 500$$

A. ルナちゃんは 500円 もらった。

3. 小学校のクラスで一番好きなフルーツのアンケートをとりました。メロンを選んだ生徒は全体の $\frac{1}{4}$ より 2 人多く、イチゴを選んだ生徒は全体の $\frac{2}{5}$ より 3 人少なく、それ以外を選んだ生徒は 15 人いました。このクラス全体の生徒数は何人でしょうか。

　こういった問題文が 3 行以上に渡る問題は、問題文を読むだけであきらめたくなる人もいるかもしれませんが、一つ一つ絵や図にして目で見えるようにしていけば大丈夫です。

　いきなりひとつの図を描こうとするとごちゃごちゃしてしまうので、メロンはメロン、イチゴはイチゴで線分図にして、それを後でひとつにしてみます。

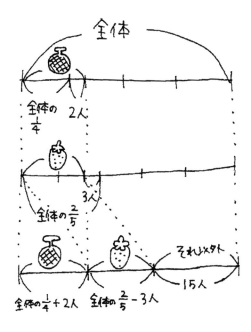

　ここまで描いたところで、今一度何を求めたかったのかを確認します。「このクラス全体の生徒数」でしたね。これが求めたい数なのでxとおいてみます。

　すると、最後の図はこうなります。

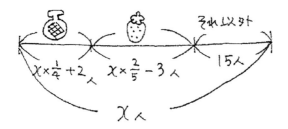

　これを式にすると以下になりますね。解いていきましょう。

$$\underset{\text{🍈}}{\frac{x \times \frac{1}{4} + 2}{}} + \underset{\text{🍓}}{\frac{x \times \frac{2}{5} - 3}{}} + \underset{\text{それ以外}}{\frac{15}{}} = \underset{\text{全体}}{\frac{x}{}}$$

だんご図にすると

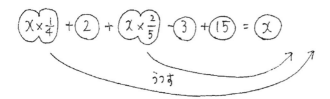

②

$$-③ + ⑮ = χ - χ × \frac{1}{4} - χ × \frac{2}{5}$$

$$⑮ + ② - ③ = \left(1 - \frac{1}{4} - \frac{2}{5}\right) × χ$$

$$⑭ = \left(\frac{20}{20} - \frac{5}{20} - \frac{8}{20}\right) × χ$$

$$⑭ = \frac{7}{20} × χ$$

ひっくり返します. ↻

$$\frac{7}{20} × χ = ⑭$$

ひっくり返してうつす

☺ → ☺

$$χ = \overset{2}{⑭} × \frac{20}{7}$$

$$χ = 40$$

---

4. クリスマス会のためにプレゼントを手作りすることになりました。8
人ですると9日間で終わるそうです。この仕事を3日間で終わらせ
たい場合、何人でやればよいでしょうか。

これは中学受験では「仕事算」というものですね。1人の1日の仕事量を
①としたり、全体の仕事量を①として解くことが多いですが、絵にするとわ
かりやすいですね。

72コ人の形を描くと時間がかかってしまうので、途中は省略したり〇に
したほうがいいかもしれません。イメージはこのような感じです。

これを、9日間ではなく3日で分けるだけです。

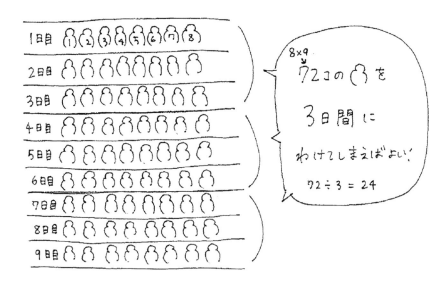

8人が9日間働けば仕事が終わる！
$\underset{\text{||}}{\text{8人が9日間働けば仕事が終わる！}}$
が 8×9=72コ分

この仕事を3日間で終わらせたい場合

$$72 \div 3 = 8 \times 9 \div 3 = \frac{8 \times \overset{3}{9}}{3} = 24$$

72コ分　　3日間　　　　　　　　　1日あたりの の数

つまり 24人 でやればよい.

方程式にするとこうなります。求めたいものを x に、つまり x 人でやれば 3日で終わるとしましょう。

$$8 \times 9 = x \times 3$$
人　日間　　人　日間

$$x = \frac{8 \times \cancel{9}3}{\cancel{3}} = 24$$

次は食塩水の問題です。

5.　ビーカー A に 4％の食塩水が 300 g あります。これとビーカー B
　　の 16％の食塩水を何 g かビーカー C に入れると 6％の食塩水にな
　　りました。ビーカー B の食塩水を何 g 入れたでしょうか。

食塩水の問題のときは、ビーカーの絵と 3 行の表を必ず描きましょう。今
回は 2 つの食塩水が混ざって新しい食塩水になるのでビーカーは 3 つ描きま
す。

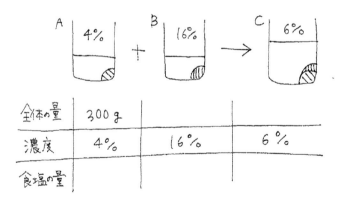

描いたビーカーを使うわけではありませんが、頭の中でイメージするため
には大事な役割を持っているので描くことをおすすめします。

　描けたら、求めたいものをxとおきます。今回は16%の食塩水の加える量をxgとします。

　すると、食塩水を混ぜる場合

　ビーカーAの全体の量＋ビーカーBの全体の量＝ビーカーCの全体の量

　ビーカーAの食塩の量＋ビーカーBの食塩の量＝ビーカーCの食塩の量

となるので、方程式ができますね。あとはこれを解くだけです。

今 求めたいものは 16％の 食塩水を 加える量なので

それを x g とします。

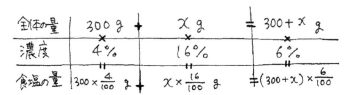

全体の量	300 g	＋	x g	＝	300＋x g
濃度	4%	×	16%	×	6%
食塩の量	$300 \times \frac{4}{100}$ g	＋	$x \times \frac{16}{100}$ g	＝	$(300+x) \times \frac{6}{100}$

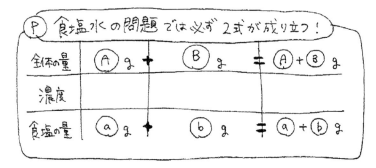

Ⓟ 食塩水の問題 では必ず 2式が 成り立つ！

全体の量	Ⓐ g	＋	Ⓑ g	＝	Ⓐ＋Ⓑ g
濃度					
食塩の量	ⓐ g	＋	ⓑ g	＝	ⓐ＋ⓑ g

$$300 \times \frac{4}{100} + x \times \frac{16}{100} = (300 + x) \times \frac{6}{100}$$

まずは両辺に ×100 します。

$$300 \times 4 + x \times 16 = (300 + x) \times 6$$

$$\boxed{300 \times 4} + \boxed{x \times 16} = \boxed{300 \times 6} + \boxed{x \times 6}$$

うつす.

$$\boxed{x \times 16} - \boxed{x \times 6} = \boxed{300 \times 6} - \boxed{300 \times 4}$$

$$\boxed{x \times 10} = \boxed{300 \times 2}$$

$$x = \frac{300 \times 2}{10}$$

$$= 60$$

A. 60 g

177

6.　お祭りでジュース屋さんをやることになりました。

300杯分の材料を仕入れ、30％利益がでるように定価をつけました。定価で何杯か売れましたが売れ残ってしまったので、残りを定価の2割引きの520円で全部売りました。その結果、19000円の利益がでました。

さて、定価で売ったジュースは何杯でしょうか。

　これはなかなか骨のある問題ですね。ただ、やることは変わりません。まずは見えるようにしましょう。

　売買の問題では値引き前の線分図、値引き後の線分図を2つ描きます。

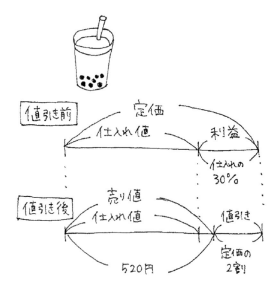

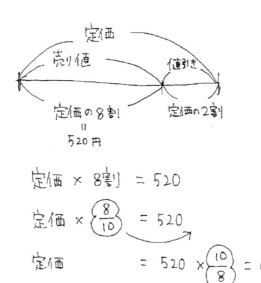

定価 × 8割 = 520

定価 × $\frac{8}{10}$ = 520

定価 = 520 × $\frac{10}{8}$ = 650

仕入れ値 × 130% = 定価 = 650

仕入れ値 × $\frac{130}{100}$ = 650

仕入れ値 = 650 × $\frac{100}{130}$ = 500

利益 = 定価 - 仕入れ値

= 650 - 500

= 150

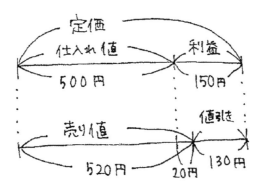

図が描けたら式を作りましょう。

今回は、定価で売ったジュースを x 杯とします。

	1個あたりの利益	個数	合計の利益
値引き前	150円	x 杯	150×x 円
値引き後	20円	300−x 杯	20×(300−x) 円
合計		300 杯	19000 円

↑
ここで方程式ができる！

$$150 \times x + 20 \times (300 - x) = 19000$$

$$(150 \times x) + (20 \times 300) - (20 \times x) = (19000)$$

$$(130 \times x) = (19000) - (6000)$$

$$(130 \times x) = (13000)$$

$$x = \frac{(13000)}{(130)} = 100$$

定価で100杯 売れた

7.　リュウくん、ハルくん、ミイちゃんの所持金の比は 4:3:2 です。リュウくんとハルくんは 300 円ずつ出し合ってミイちゃんにあげたので、リュウくんとハルくんの所持金の合計額とミイちゃんの所持金は同じ金額になりました。
　　はじめにリュウくんとハルくんはそれぞれいくら持っていたでしょうか。

これも状況を絵にしてから図にしましょう。

いろいろな解き方がありますが、今回は 2 パターンの考え方をしてみます。

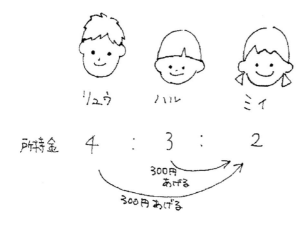

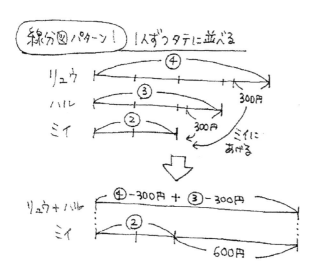

リュウ＋ハル ＝ ミイ　なので

④－300 ＋ ③－300 ＝ ②＋ 600

④ ＋ ③ － ② ＝ 600 ＋ 300 ＋ 300

⑤ ＝ 1200

① ＝ 240

④ ＝ 240 × 4 ＝ 960

③ ＝ 240 × 3 ＝ 720

リュウ 960円, ハル 720円

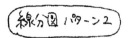

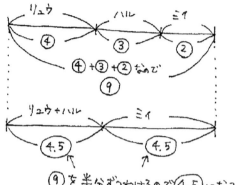

④+③+②なので
⑨

⑨を半分ずつわけるので④.5になる.

ミイだけみてみると・・・

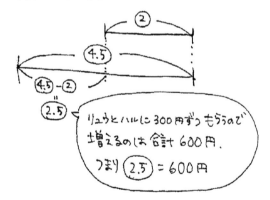

リュウとハルに300円ずつもらうので
増えるのは合計600円.
つまり②.5=600円

$$\textcircled{2.5} = 600$$

×4 ↓ ↓×4

$$\textcircled{10} = 2400$$

$$\textcircled{1} = 240$$

$$\textcircled{4} = 960$$

$$\textcircled{3} = 720$$

リュウ 960円　ハル 720円

$\textcircled{4}$, $\textcircled{3}$ などを $4×x$, $3×x$ など

におきかえると、いつも通りの

方程式になります。

$$4 × x - 300 + 3 × x - 300 = 2 × x + 600$$

$$\left(\textcircled{4×x} + \textcircled{3×x}\right) - \textcircled{2×x} = \textcircled{600} + \textcircled{300} + \textcircled{300}$$

$$\textcircled{5×x} = \textcircled{1200}$$

$$x = \frac{\textcircled{1200}}{5} = 240$$

　線分図は、基本はモノや人ごとにタテに並べたほうが見やすいのですが（パターン 1）、今回はミイちゃんにあげる前と後で、3 人の所持金の総額は変わらないので、3 人合わせた線分図を前と後で 2 つ、タテに並べて描きました（パターン 2）。

8. 歯車1号と歯車2号と歯車3号がかみ合って回転しています。歯車1号は15回転すると2号は8回転します。また、2号と3号の歯数の比は3：1でした。今、歯車3号を16回転させたいとすると、歯車1号を何回転させればよいでしょうか。

　歯車の問題といえば、反比例の問題です。が、反比例の考え方を知らなくても解くことができます。

　歯車で大事なことは、いくつかの歯車が回るとき、それぞれの歯車がカチカチする数はどの歯車も変わらない、ということです。

　カチカチする数は、その歯車の歯数×回転数で決まりますね。

　ですので、式を立てるときには

　歯車Aのカチカチした数＝歯車Bのカチカチした数

　つまり

　歯車Aの歯数×回転数＝歯車Bの歯数×回転数

で考えるとできますよ。

　今回はわからないものがひとつではないので、xとはおかずに言葉で式を立ててみます。

　①と②の式を組み合わせると、3号が16回転するとき、1号は10回転することがわかります。

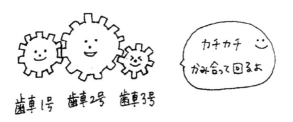

歯車1号　歯車2号　歯車3号

※ 歯数は正確ではありません.

- $\boxed{\text{1号の歯数}} \times 15_\text{回転} = \boxed{\text{2号の歯数}} \times 8_\text{回転}$ …①

- $\boxed{\text{2号の歯数}} : \boxed{\text{3号の歯数}} = 3 : 1 \Rightarrow \boxed{\text{2号の歯数}} = 3 \times \boxed{\text{3号の歯数}}$ …②

②を使って①の式を書きかえると

$$\boxed{\text{1号の歯数}} \times 15 = \underbrace{3 \times \boxed{\text{3号の歯数}}}_{\text{おきかえた!}} \times 8$$

順番をかえて
両辺3で割る

$$\boxed{\text{1号の歯数}} \times \overset{5}{\cancel{15}} = \boxed{\text{3号の歯数}} \times \overset{1}{\cancel{3}} \times 8$$

両辺2をかける.

$$\boxed{\text{1号の歯数}} \times 10 = \boxed{\text{3号の歯数}} \times 16$$

1号が10回転、3号が16回転すると ぴったり!

また、これを表にしてみると以下のようになります。

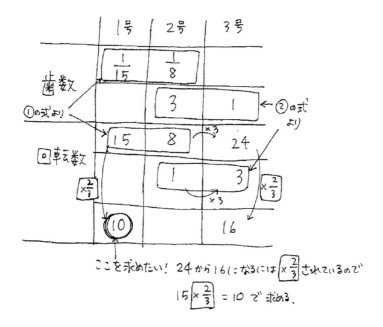

①の式からは 1 号と 2 号の歯数と回転数の関係が、②の式からは 2 号と 3 号の関係がわかりますね。2 号と 3 号の回転数の比は 1：3 なので、2 号の回転数が 8 のとき 3 号の回転数は 24 になります。今求めたいものは 3 号の回転数が 16 のときの 1 号の回転数なので、24 を $\frac{2}{3}$ 倍して 16 にして、1 号の回転数 15 も同様に $\frac{2}{3}$ 倍すると $15 \times \frac{2}{3} = 10$ となります。

9.　ある川でボールを落としてしまいました。その川の落としたところ
　　から 500 m下流のところまで船で下ると 3 分かかり、同じ船で上
　　ると 5 分かかります。ボールを落としたところから 100 m下流ま
　　で流れるのに何秒かかるでしょうか。

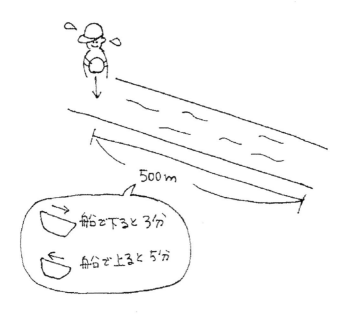

500 m

船で下ると 3分

船で上ると 5分

　船と川が出てきたら、「船のもともとの進むスピード」と「川の流れ」を分
けて考えましょう。

　川はある方向に流れているので、流れと同じ向きで進めば川が応援してく
れて速く短時間で進めます。流れと反対の向きで進めば川が邪魔をして、遅
く長時間かかります。

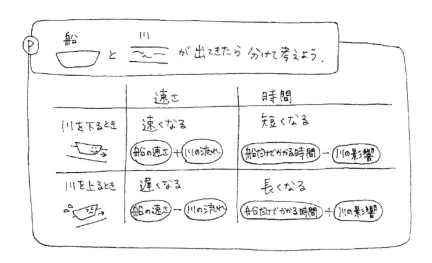

　問題の条件を式にすると以下のようになります。今回も x を使わずに言葉で解いてみますね。

今、　下るとき… (船だけでかかる時間) ー (川の影響) = 3分 …①

　　　上るとき… (船だけでかかる時間) + (川の影響) = 5分 …②

①+② をすると　(船だけでかかる時間) × 2　　　　= 8分

　　　　　　　　(船だけでかかる時間)　　　　　　= 4分

これを①の式に入れると

　　　　　　　　4分　　ー (川の影響) = 3分
　　　　　　　　　　　　　⇓
　　　　　　　　　　　1分 とわかる！

つまり、川に流されるボールは 500m を 1分
　　　　　　　　　　　　　　100m を $\frac{1}{5}$分 = $\frac{12}{60}$分 = 12秒で流れる。

> 10. 長さ 200m の電車が時速 200km で走り、長さ 400m の電車が時速 300km で走っています。2 つの電車が向かい合って走るとき、すれ違い始めてから離れるまでに何秒かかりますか。

これもまずは絵を描きます。

ポイントになるタイミング、つまり今回は「すれ違い始めるとき」と「すれ違い終わったとき」の状況を絵にしてみます。

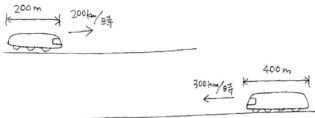

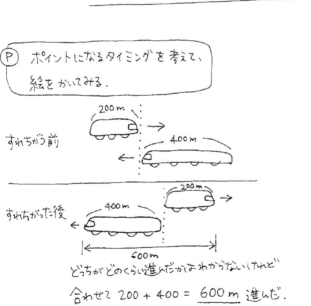

　すると、すれ違う前と後では、2つの電車があわせて600m進んだことがわかります。

　時速200kmと時速300kmの電車が同時に進むので、あわせると時速500kmで反対方向に進みます。

　時速500kmで600m進むのにかかる時間を下記のように求めると答えがでます。

2つの電車　は合わせて　時速500km.
↑
200km + 300km

1時間で 500km 進むから、
600m 進むには、、

3600秒 = 1時間	500km
3.6秒	500m
$\frac{3.6}{5}$秒	100m
$\frac{3.6}{5} \times 6$秒	600m

左側: $\times \frac{1}{1000}$, $\times \frac{1}{5}$, $\times 6$　右側: $\times \frac{1}{1000}$, $\times \frac{1}{5}$, $\times 6$

$$\frac{3.6}{5} \times 6 = \frac{7.2}{10} \times 6 = 4.32 \text{秒}$$

11. 8時と9時の間で時計の長針と短針が重なるのは何時何分何秒でしょうか。

まず、重なったときの時計の絵を描いてみます。

8時から重なるまで、長針と短針は以下のように動いたことになります。

長針と短針の角度が等しくなればよいので、式を作って解くと以下のようになります。

8時χ分に重なるとすると、8時から針はこう動く.

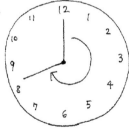

長針

$$60分で \ 360°$$

$$1分で \ \frac{360}{60} = 6°$$

$$χ分で \ 6 × χ°$$

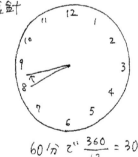

短針

$$60分で \ \frac{360}{12} = 30°$$

$$1分で \ \frac{30}{60} = 0.5°$$

$$χ分で \ 0.5 × χ°$$

$$\underbrace{6 \times x°}_{\text{長針の角度}} = \underbrace{30° \times 8}_{\substack{8\text{時の時点での} \\ \text{短針の角度}}} + \underbrace{0.5 \times x°}_{\substack{x\text{分間でうごく} \\ \text{短針の角度}}}$$

$$\boxed{6 \times x} = \boxed{30 \times 8} + \boxed{0.5 \times x}$$

$$\boxed{6 \times x} - \underset{\underset{\frac{1}{2}}{\|}}{\boxed{0.5 \times x}} = \boxed{30 \times 8}$$

$$\boxed{\left(6 - \tfrac{1}{2}\right) \times x} = \boxed{30 \times 8}$$

$$\boxed{\tfrac{11}{2} \times x} = \boxed{30 \times 8}$$

$$\boxed{x} = \boxed{30 \times 8 \times \tfrac{2}{11}}$$

$$= \frac{480}{11}$$

$$= 43\frac{7}{11}$$

8時$43\frac{7}{11}$分に重なる。

半端な$\frac{7}{11}$分を秒にかえると…

$$\frac{7}{11} \times 60 = \frac{420}{11} = 38\frac{2}{11} \ 秒$$

よって 答えは　8時43分$38\frac{2}{11}$秒

> 12. 2つの整数があり、その和は 32 です。大きい数と小さい数の差が
>   10 のとき、2つの整数はなんでしょうか。

文章だとイメージしづらいので、言葉の式にしてみましょう。

$$\boxed{大きい数} + \boxed{小さい数} = 32 \cdots ①$$

$$\boxed{大きい数} - \boxed{小さい数} = 10 \cdots ②$$

「＝」でつながっているもの同士を足しても引いてもかけても割っても「＝」の関係は崩れないので、①と②の式を足します。

すると、大きい数＝ 21 とわかるので、小さい数＝ 21-10 ＝ 11 とわかりますね。

$$\underset{①}{\underbrace{\textcircled{大} + \textcircled{小}}} + \underset{②}{\underbrace{\textcircled{大} - \textcircled{小}}} = \underset{①}{\underbrace{32}} + \underset{②}{\underbrace{10}}$$

$$\textcircled{大} + \textcircled{大} = 42$$

$$\textcircled{大} = 21$$

$\textcircled{大} + \textcircled{小} = 32$ で $\textcircled{大} = 21$ なので $\textcircled{小} = 32-21 = 11$ とわかる。

Ⓟ 「=」でつながっている同士を
たしても ひいても かけても わっても
「=」の関係は なくならない。

○ = □
☆ = ◇　　なら、

○+☆ = □+◇
○-☆ = □-◇　　が成り立つ！
○×☆ = □×◇
○÷☆ = □÷◇

ちなみに、これは中学2年生で習う「連立方程式」というものです。
「大きい数」「小さい数」をそれぞれ「x」「y」にかえるだけです。

連立方程式にすると（大きい数を x、小さい数を yとする。）

$$\begin{cases} x + y = 32 \cdots ① \\ x - y = 10 \cdots ② \end{cases}$$

①+②より

$$x + y = 32$$
$$+) \; x - y = 10$$
$$2 \times x = 42$$

$$x = \frac{42}{2} = 21$$

$$y = 32 - x = 32 - 21 = 11$$

$$\underline{x = 21 \;,\; y = 11}$$

また、図で解くこともできます。

図であれば小学校低学年でも理解できますね。

やっていることは小学校でも中学校でもあまり変わりませんね。

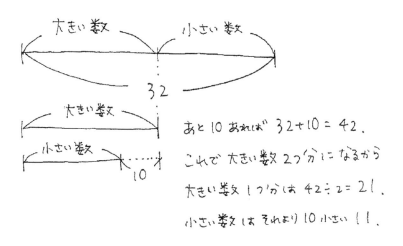

あと 10 あれば 32＋10 = 42.

これで 大きい数 2つ分になるから

大きい数 1つ分は 42÷2 = 21.

小さい数 は それより 10 小さい 11.

13. ある学年でテストをしたところ、30 人いる A 組の平均点は 81 点、
B 組の平均点は 92 点、A 組と B 組を合わせた平均点は 86 点でした。
B 組は何人いますか。

まずは情報を整理してみましょう。

どういうことなのか理解するため、絵をかいてみます。

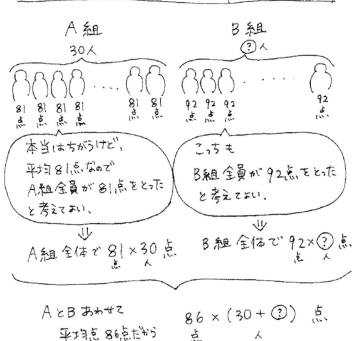

そうすると、こんな式ができますね。それを解けば答えが出ます。

$?= x$ とすると

$$81 \times 30 + 92 \times x = 86 \times (30 + x)$$

$$(81 \times 30) + (92 \times x) = (86 \times (30 + x))$$

$$(81 \times 30) + (92 \times x) = (86 \times 30) + (86 \times x)$$

うつす　うつす

$$(92 \times x) - (86 \times x) = (86 \times 30) - (81 \times 30)$$

$$(6 \times x) = ((86 - 81) \times 30)$$

$$x = \frac{5 \times 30}{6}$$

$$= 25$$

図で解くこともできます。これを「面積図」と言います。中学受験をする人は面積図で問題を解くことに慣れておいたほうが速く解けますが、中学受験しない人は、何でこれをすれば答えが出るのかを理解するだけでもいいでしょう。それよりも、中学以降は方程式を立てて解けるほうが役に立ちます。

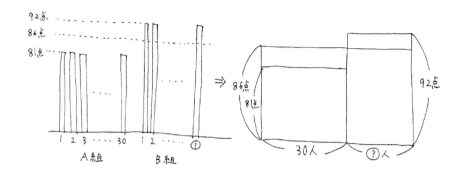

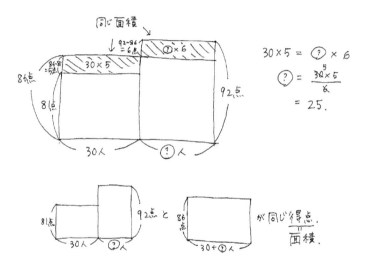

14. 1本60円のえんぴつと1本90円のペンを合わせて20本買った
　　ところ、代金の合計は1350円でした。それぞれ何本買ったでしょ
　　うか。

　これもまずは情報を整理します。情報を整理するときには表をかくといい
です。

200

そして、先ほどの連立方程式の考え方を使うと以下のように考えられます。

	えんぴつ	ペン	合計
1つあたりの金額	60円	90円	
個数	x 本	y 本	20 本
金額	$60 \times x$ 円	$90 \times y$ 円	1350円

個数の式 → $\underset{本}{x} + \underset{本}{y} = \underset{本}{20}$ …①

金額の式 → $60 \times \underset{円}{x} + 90 \times \underset{円}{y} = \underset{円}{1350}$ …②

①の式を両辺 60倍すると

$$60 \times x + 60 \times y = 60 \times 20 \quad \cdots ①'$$

②−①' をすると

$$60 \times x + 90 \times y = 1350 \quad \cdots ②$$
$$-\,)\ 60 \times x + 60 \times y = 60 \times 20 \quad \cdots ①'$$
$$0 \qquad 30 \times y = 1350 - 1200$$
$$= 150$$
$$y = \frac{\overset{5}{150}}{\underset{1}{30}} = 5$$

① より x+y=20 なので、 x=15.

　えんぴつ 15本 、 ペン 5本 とわかる

ただ、これも先ほど同様面積図で考えることもできます。

　2種類のものの合計個数、それに付随する合計の何かの数（金額、足の数、点数など）がわかっていて、それぞれの個数を求める問題を中学受験では「つるかめ算」といいますが、「つるかめ算」は面積図、または連立方程式で解ける、ということです。

　もし20本すべてがえんぴつだったとすると、60円×20本＝1200円になるはずです。でも実際には1350円で、その差が1350－1200＝150円あります。

　150円÷30円＝5本　つまり、20本のうち5本は、1本当たり30円高いペンだったということがわかります。

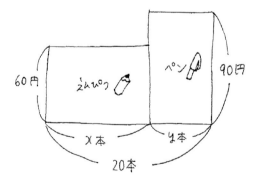

もし 全部ペンなら　90円×20本 = 1800円 になる!

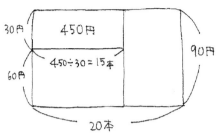

でも 実際は 1350円。その差 は 1800 − 1350 = 450円。

450円 ÷ 30円 = 15本 は 90円 でなく 60円 だった。ということ!

もし 全部えんぴつなら　60円 × 20本 = 1200円。

でも 実際は 1350円。その差 1350 − 1200 = 150円。

150円 ÷ 30円 = 5本。つまり、20本のうち 5本 は ペンだったということ。

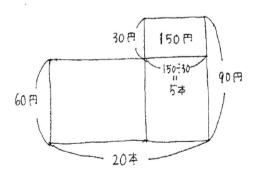

> 15. クラス内でグループ分けをします。1 グループ 7 人だと最後の 1 グ
>   ループが 4 人になります。1 グループ 8 人だと最後のグループが 2
>   人になり、7 人グループをつくるときよりもグループは 1 つ減りま
>   す。クラスは全員で何人いるでしょうか。

　これも、いつもどおり絵をかいてみましょう。

　いいですか。大事なのは、パターンを覚えることではなく、この問題はどん
な風に絵や図にしたら状況を理解しやすいかな？　と考えて、見えるように
することです！

　絵や図をかいて、わからないものを x と置く。そして同じ数値のものを「＝」
でつなげられれば方程式が完成。方程式を解けば答えが求まります。

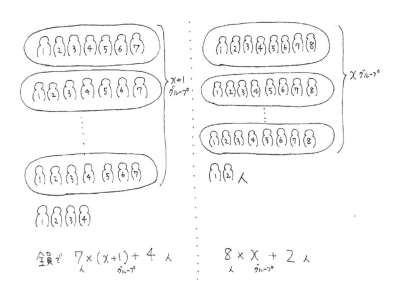

クラスの人数は 変わらないから

$$7 \times (x + 1) + 4 \quad = \quad 8 \times x + 2$$

これを解くと

$$\boxed{7 \times (x+1)} + \boxed{4} = \boxed{8 \times x} + \boxed{2}$$

$$\boxed{7 \times x} + \boxed{7 \times 1} + \boxed{4} = \boxed{8 \times x} + \boxed{2}$$

うつす　　　　　　　　　　うつす

$$\boxed{7} + \boxed{4} - \boxed{2} \quad = \quad \boxed{8 \times x} - \boxed{7 \times x}$$

$$9 \quad = \quad x$$

$$x \quad = \quad 9$$

つまり 8人グループが 9つ 作ると 2人あまるので

クラスの 人数は $8 \times 9 + 2 = \underline{74 人}$

　これも面積図で解くことができますが、はみ出る部分があるので先ほどよりも少し難しいかもしれません。

面積図にすると こうなる.

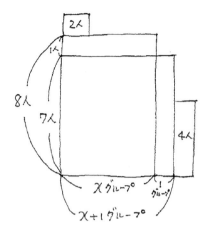

- 2人
- 1人
- 8人
- 7人
- 4人
- χグループ
- 1グループ
- χ+1グループ

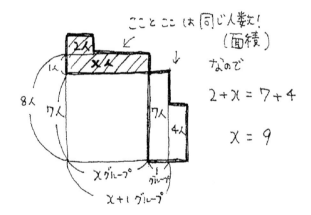

ここと ここ は 同じ人数!
(面積)

なので

$$2 + χ = 7 + 4$$

$$χ = 9$$

- 2人
- χ人
- 1人
- 8人
- 7人
- 7人
- 4人
- χグループ
- 1グループ
- χ+1グループ

16. ヒナちゃんは学校へ行くのに毎朝同じ時間に家を出ます。
家から学校までいつもは分速40mで行きますが、今日は出発が5分遅れてしまったため分速60mで歩いたところ、いつもよりも2分早く着くことができました。家から学校までの道のりは何mあるでしょうか。

　道のりの問題は迷わずに線分図と「みはじ」の丸を書きましょう。

　そして、今回は時間が2種類あるので、時間の違いは別の線分図で見える化してみます。

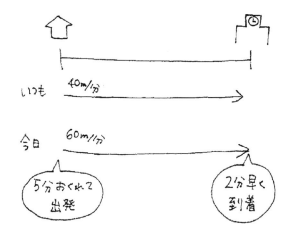

　求めたい道のりを x m とすると時間の方程式が作れて、答えが求められますね。

みはじの丸は

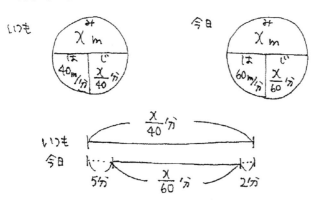

$$\frac{x}{40} = \frac{x}{60} + 5 + 2$$

両辺を120倍すると

$$\overset{3}{\cancel{120}} \times \frac{x}{\cancel{40}} = \overset{2}{\cancel{120}} \times \frac{x}{\cancel{60}} + 120 \times 7$$

$$(3 \times x) = (2 \times x) + (120 \times 7)$$

うつす

$$(3 \times x) - (2 \times x) = 120 \times 7$$

$$x = 840$$

家から学校までは 840m

17. あんぱん 3 つとクリームパンを 5 つ買うと 920 円、あんぱん 1 つ
    とクリームパン 7 つを買うと 840 円です。あんぱんとクリームパ
    ンは 1 つあたりそれぞれいくらでしょうか。

情報を整理するために表にしてみます。

これは……わからないものがあるので連立方程式を使ってみましょう。

	あんぱん 😊	クリームパン 🤍	合計
1つあたりの金額	x 円	y 円	
個数①	3つ	5つ	
金額①	$x \times 3$ 円	$y \times 5$ 円	920 円
個数②	1つ	7つ	
金額②	$x \times 1$ 円	$y \times 7$ 円	840 円

$$x \times 3 + y \times 5 = 920 \quad \cdots ①$$

$$x \times 1 + y \times 7 = 840 \quad \cdots ②$$

209

今、x を消したいので ②×3 − ① をします.

$$x \times 3 + y \times 21 = 840 \times 3$$

$$-) \quad x \times 3 + y \times 5 = 920$$

しかたなく筆算します.
$$\begin{array}{r} 840 \\ \times 3 \\ \hline 2520 \\ -920 \\ \hline 1600 \end{array}$$

$$y \times 16 = 1600$$

$$y = \frac{1600}{16} = 100$$

$y = 100$ を ② に入れると

$$x \times 1 + 100 \times 7 = 840$$

$$x = 840 - 700$$

$$= 140$$

なので　あんぱん ☺ 140円

クリームパン ♡ 100円　とわかります.

　連立方程式が使えるということは面積図も使えそうですね。

　今回の問題で面積図を使うとするとこうなります。

　①の式を 3 倍したものから②を引くとクリームパンのほうがはみ出ますね。その金額を個数で割ると答えが出ます。

面積図をかくと…

① の方は

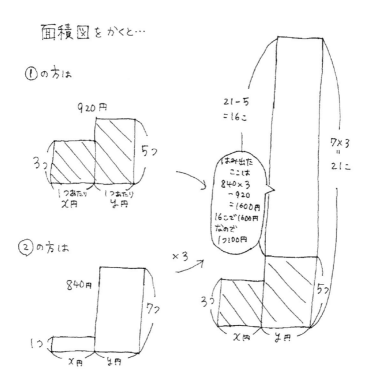

920円
3つ
5つ
1つあたり x円
1つあたり y円

② の方は

840円
7つ
1つ
x円
y円

×3

21-5
=16こ

はみ出た
ここは
840×3
-920
=1600円
16こで1600円
なので
1つ100円

7×3
=
21こ

3つ
5つ
x円
y円

コラム

日常生活で大事なこと

　本書では算数ができるようになるための考え方を紹介してきましたが、子どもの考える力をつける存在は何か、というと一番は家庭です。子育てに勝る教育はない、と自分でも子育てをしながら日々思わされます。

　今まで多くのご家庭を見てきて、大事だと思うことを最後に紹介させていただきたいと思います。

・何事も一緒にやって、たくさん会話する

　料理でも、子どもの宿題でも、遊びでも、親のお悩み相談でも何でも一緒にやってみればそれだけ会話が生まれ、たくさん会話をすればするほど、考える力は伸びます。

　何個あるかな？　なんて読むかな？　少し会話するだけでも算数の勉強、国語の勉強ができてしまいます。車のナンバーでたしざんすれば2ケタのたしざんのトレーニングになります。

　また、料理できゅうりを切るのなんて、断面を考えることになり、まさに図形の勉強をしているようなものですし、牛乳を600mlいれてね、といったら単位の勉強になります。

　そのような勉強に関する話でなくても、「ママは、時間が迫っているときはイライラしているから、そういうときにはなるべくすばやく動いてね。急いでいないときはイライラ指数は低いから、お願いが通りやすくなるかもしれないよ」なんていう話でも、これって場合分けを学べますよね。

　何事も一緒にやって、会話をすればするだけ、いろいろな知識、考え方に触れることができます。たくさんおしゃべりしましょう！

・親もあきらめない

　子どもは親の言うこと、やること一つ一つに影響を受けています。

　親が何か間違いをしてしまったとき、子どもがこうしたいと言ったとき、すべての状況で子どもは親の思考パターンを見て、そしてそれを子どもも自然と真似します。

　お父さん、お母さんが仕事を面倒くさいもの、仕方なく我慢してやるもの、と考えていれば、子どもは当然、勉強は面倒くさいもの、仕方なく我慢してやるもの、と考えます。

　困ったことがあっても逃げない、あきらめない、解決していく、そんな姿を見せ続けられれば、きっと子どももそれが当たり前の考え方になるはずです。

・家族みんなで協力する

　お父さんのやりたいこと、お母さんのやりたいこと、子どものやりたいこと、それぞれ違うかもしれませんが、それをお互いに理解し、お互いがお互いのやりたいことを叶えようとするスタンスはとっても大切です。

　子どもは勉強しないといけないのにお父さんはリビングでテレビを見ている、勉強の息抜きで楽しみにしていた本を捨てられる、勉強しているのにおばあちゃんが話しかけてくる、逆に、お父さんは仕事から帰ってきて疲れてテレビを見たいのに子どもが勉強しているからテレビをつけると怒られる、など、実際の例を挙げればきりがありませんが、お互いがお互いの協力者になっていないと、家庭の中でストレスがたまり、お互いに健全な精神状態で仕事や勉強をすることができなくなってしまいます。

　ぜひ会話をたくさんして、お互いがお互いのやりたいことを叶えられるよう、家族全員で協力していけるとよいですね。

◆著者プロフィール◆

中村 希 （なかむら　のぞみ）

　1989 年、長野県諏訪市生まれ。東京大学教養学部卒。
3 人の育児をしながら、「勉強でワクワクした人生を切り
拓く」学習塾、みらい塾エイトステップスを運営。
　大学入学から 10 年間、小中高校生に 1 対 1 での受験
指導を行う。自身の東大受験時に出会った受験コーチン
グをベースとした、対話を大事にしながら生徒の主体性
を引き出す指導法、生徒の可能性を信じて志望校合格ま
で伴走するメンタルサポート、主要 5 教科を絵や図にか
かかせることで本質的な理解へと導く成績向上手腕が多
くの親子から支持を得る。

東大卒のお母さんが教える！
お絵かき算数

2021 年 5 月 20日　　初版第 1 刷発行

著 者　中村　希
編集人　清水智則　発行所　エール出版社
〒101-0052　東京都千代田区神田小川町 2-12　信愛ビル 4 F
電話　03(3291)0306　　FAX　03(3291)0310
メール　edit@yell-books.com

ISBN978-4-7539-3497-3

熊野孝哉の「速さと比」 入試で差がつく 45 題＋7 題

● 中学受験算数専門のプロ家庭教師・熊野孝哉による問題集。「速さと比」の代表的な問題（基本 25 題＋応用 20 題）を厳選し、大好評の「手書きメモ」でわかりやすく解説。短期間で「速さと比」を得点源にしたい受験生におすすめの1冊。補充問題 7 問付き !!

A 5 判・並製・本体 1500 円（税別）　　　　ISBN978-4-7539-3473-7

熊野孝哉の「場合の数」 入試で差がつく 51 題＋17 題

● 中学受験算数専門のプロ家庭教師・熊野孝哉による問題集。「場合の数」の代表的な問題（基本 51 題＋応用 8 題）を厳選し、大好評の「手書きメモ」でわかりやすく解説。短期間で「場合の数」を得点源にしたい受験生におすすめの1冊。補充問題 17 問付き !!

A 5 判・並製・本体 1500 円（税別）　　　　ISBN978-4-7539-3475-1

熊野孝哉の「文章題」 入試で差がつく 56 題

● 中学受験算数専門のプロ家庭教師・熊野孝哉による問題集。「文章題」の代表的な問題（標準問題 20 題＋応用問題 36 題）を厳選し、大好評の「手書きメモ」でわかりやすく解説。短期間で「文章題」を得点源にしたい受験生におすすめの1冊。

A 5 判・並製・本体 1500 円（税別）　　　　ISBN978-4-7539-3261-0

熊野孝哉の「図形」 入試で差がつく 50 題＋4 題

● 中学受験算数専門のプロ家庭教師・熊野孝哉による問題集。「図形」の代表的な問題（中堅校向け 20 題＋上位校向け 20 題＋難関校向け 10 題）を厳選。補充問題 4 題を追加 !!

A 5 判・並製・本体 1500 円（税別）　　　　ISBN978-4-7539-3487-4